国家社科基金重点项目“中华优秀传统文化与科学社会主义价值观主张的高度契合性研究”（23AZD006）成果；
河北省社会科学基金项目“传统家教、家风文化的当代传承与转化研究”（HB19MK004）成果

U0830720

传承与创新：中华优秀传统家风家教文化的当代旨归

李忠华◎著

燕山大学出版社
·秦皇岛·

图书在版编目（CIP）数据

传承与创新 ： 中华优秀传统家风家教文化的当代旨归 / 李忠华著. -- 秦皇岛 ： 燕山大学出版社， 2024. 12. -- ISBN 978-7-5761-0766-1

Ⅰ. B823.1

中国国家版本馆 CIP 数据核字第 2024AN6422 号

传承与创新：中华优秀传统家风家教文化的当代旨归

CHUANCHENG YU CHUANGXIN : ZHONGHUA YOUXIU CHUANTONG JIAFENG JIAJIAO WENHUA DE DANGDAI ZHIGUI

李忠华　著

出 版 人：陈　玉
责任编辑：臧晨露
封面设计：刘韦希
责任印制：吴　波
出版发行：燕山大学出版社 YANSHAN UNIVERSITY PRESS
地　　址：河北省秦皇岛市河北大街西段 438 号
邮政编码：066004
电　　话：0335-8387555
印　　刷：廊坊市印艺阁数字科技有限公司
经　　销：全国新华书店

开　　本：710mm×1000mm　1/16
印　　张：12.75
版　　次：2024 年 12 月第 1 版
印　　次：2024 年 12 月第 1 次印刷
书　　号：ISBN 978-7-5761-0766-1
字　　数：210 千字
定　　价：69.00 元

版权所有　侵权必究

如发生印刷、装订质量问题，读者可与出版社联系调换

联系电话：0335-8387718

前　言

中华优秀传统家风家教文化是中华民族文化的重要组成部分，它不仅包含了丰富的历史智慧和伦理规范，还在塑造个人品德、维护家庭和谐、促进社会稳定等方面发挥着重要作用。在全球化和现代化进程加快的今天，传统家风家教文化面临着传承与创新的双重挑战。家庭结构的变化、社会价值观的多元化以及教育环境的转型，都对传统家风家教的延续和发展提出了新的要求。在过去，家风家教文化通过口传心授，自然而然地在家庭中传承。然而，在当代，随着信息技术的飞速发展和人们生活方式的改变，传统的优秀家风家教文化如何适应并融入现代社会成为亟待解决的问题。

家风家教文化是一个多学科交叉的研究领域，涉及历史学、教育学、伦理学和社会学等多个方面。中华优秀传统家风家教文化是中华民族五千多年文明的重要组成部分，体现了中华民族的价值观念和精神追求。优秀的家风家教文化中包含了丰富的道德教育内容，如仁爱、诚信、孝道、勤俭等，这些都是个人品德培养的重要方面，通过家庭教育培养孩子良好的道德品质和行为习惯，不仅对个体的成长和发展有利，也对整个社会的道德水平提升具有积极作用。家风家教文化可以帮助家庭内部建立起良好的沟通和互动模式，有助于减少家庭内部的矛盾和冲突，促进家庭成员之间的和谐关系，成为社会和谐的重要基础；同时，家风家教文化提倡的诚实守信、互助友爱、尊老爱幼等美德，是良好社会风尚的重要组成部分，家风家教的传承和弘扬可以在全社会营造一种良好的风尚，促进社会成员之间的相互信任和合作，是社会稳定和发展的重要保障。

本书旨在深入探讨中华优秀传统家风家教文化的内涵、历史演变及其核心思想，分析当代社会对传统家风家教文化的需求，并提出传承与创新的路径选择。通过案例分析和实践探讨，为家庭教育者提供切实可行的指导，帮助家长在现代社会中传承优秀的家风家教文化。希望本书能够为中华优秀传统家风家教文化的传承与创新提供有力支持，在新时代背景下，为家庭教育的改进和社会文化的发展贡献智慧和力量。

目　　录

第一章 中华优秀传统家风家教文化的相关概述

本章主要对传统家风家教文化进行概述，旨在深入探讨中华优秀传统家风家教文化的内涵、核心思想、历史演变及重要价值，为读者提供对这一传统文化的全面解读。家风家教文化是中国传统文化的重要组成部分，它承载着中华民族的道德观念、行为准则和教育理念，对个体成长和社会和谐发展起着至关重要的作用。通过研究家风家教文化的内涵，我们可以深入了解中国传统家庭的道德积淀和价值追求，探索其中蕴含的智慧和力量。家风家教的核心思想阐述、揭示了家风家教文化的重要价值取向，如修身立命、齐家睦亲、处世交友等。这些思想不仅是个人品德修养的基石，也是社会和谐稳定的重要支撑，通过在家庭中的传承和实践，这些核心思想得以在每一个家庭成员的内心生根发芽，影响着他们的行为举止和社会交往。对家风家教文化的历史形成和演变的分析展现了其在中国历史长河中的沿革和发展轨迹。从先秦时期的萌芽阶段到汉唐时期的发展、成熟阶段，再到宋朝以后的由盛转衰阶段，家风家教文化始终贯穿于中国传统社会的方方面面。这一历史过程中的变迁和发展，反映了中国社会和文化的演进，也为我们理解当代家庭教育的现状和面临的挑战提供了重要参考。通过对中华优秀传统家风家教文化及其重要价值的深入探讨和分析，我们可以更好地认识和理解中国传统文化的精髓，从而为推动家庭教育的现代化发展和传统文化的传承创新提供有益的借鉴和启示。

第一节 家风家教文化的内涵与历史形成

家风家教文化是中华优秀传统文化的重要组成部分，它承载着教育理念，体现了道德规范和行为准则，对个体的成长和社会的和谐发展具有深远影响。其内涵主要包括家庭成员的品行、家族传统和家规家训等方面。家风强调的是家庭成员所形成的价值观念和行为规范的传承，而家教则侧重于具体的教育方法和内容，通过教育实践培养家庭成员的思想道德和行为习惯。家风家教文化是中华民族宝贵的文化遗产，通过对其内涵和历史形成的总结，我们可以更好地认识和理解中国传统文化的深层次内涵，为推动家庭教育的现代化发展和传统文化的传承创新提供重要的理论基础和启示。

在历史进程中，家风家教文化不断发展和演变。先秦时期，儒家思想奠定了家风家教的伦理基础，提出了忠、孝、廉、耻等价值观；汉唐时期，家风家教文化进一步深化，形成了较为系统的家庭教育理论和实践；宋明时期，家风家教文化达到了一个新的高度，家庭教育被视为国家教育的重要组成部分，涌现出大量家训、家规典籍，如《颜氏家训》《朱子家训》等，为后世提供了宝贵的教育资源和文化遗产。家风家教文化的内涵和历史形成反映了中华民族对家庭、教育、伦理道德的高度重视和深刻认识。它不仅是家庭成员个人品德和行为规范的重要依据，也是维护家庭和谐、促进社会稳定的重要力量。在现代社会，传承家风家教文化仍然具有重要的现实意义，成为弘扬中华优秀传统文化、培育和践行社会主义核心价值观的重要途径。

一、家风家教文化的相关概念

家风家教文化是一个涵盖广泛、深刻而又复杂的概念。其相关概念分点论述如下。

1. 家风（family ethos）

家风指的是一个家庭长期形成的、代代相传的风气和习惯，包括家庭成员的价值观念、道德规范、生活方式等。这些价值观念可能源自家族的传统、宗教信仰、文化传承等。例如，尊重长辈、孝敬父母、诚实守信、团结友爱等，都是中国传统家庭普遍崇尚的价值观念。通过言传身教和日常生活中的实践，这些价值观念得以代代相传，成为家庭成员行为的基本准则。家风是文化传承的重要载体。这些文化元素包括语言文字、节日习俗、民间传说等，都在家庭中得以传承和弘扬。

家风的传承不仅是对传统文化的珍视和保护，更是对文化的创新和发展。家风体现了家庭的文化传承和精神气质，是家庭文化的核心和灵魂。家风不仅反映了家庭成员的个性和品格，也是家庭成员行为的基本准则和规范，对家庭内部的和谐发展和社会的稳定具有重要影响。良好的家风能够促进个体的道德修养和人格完善，使其成为有担当、有责任、有情怀的社会成员，在这种情况下，良好的家风能够增强家庭成员之间的信任和归属感，促进家庭的和谐稳定。同时，家风也是社会稳定的基础之一，它通过传承优良的家庭传统和文化，凝聚社会共识，维护社会的和谐与稳定。

2. 家教（family education）

家教是指家庭对子女进行的教育活动，包括知识传授、品德培养、情感沟通等方面。家庭教育的首要任务应该是进行品德塑造和道德教育，在家庭中，父母言传身教，教导孩子学会诚实守信、友善待人、尊敬长辈等，通过给予奖励和惩罚、讲述寓言故事等方式，培养孩子们的道德意识和社会责任感，引导他们做一个有担当、有爱心的人。家庭教育强调对子女进行知识传授和学习指导，父母或长辈通过讲解、示范和引导，教导孩子们学习语言、数学、科学等各个学科的知识；通过与孩子共同探讨、解决问题，培养他们的学习兴趣和学习能力，促进其全面发展。家庭教育注重情感沟通和家庭关系的建设，父母与子女之间的情感交流是家庭教育的重要内容，家长倾听孩子的心声，增进亲子之间的信任和理解，从而培养孩子的情商和人际交往能力，促进家庭的和谐稳定。家教不仅包括父母对子女的教育，也涉及兄弟姐妹之间的相互教育和互动，以及家庭与社会环境的互动影响。

3. 家庭文化（family culture）

家庭文化是指家庭内部形成的、具有特定意义和象征的文化体系，包括行为准则、信仰体系等。家庭文化是家庭成员共同认同和遵循的一系列价值观念和行为准则的集合。这些价值观念可能涉及孝顺尊老、诚实守信、团结友爱、助人为乐等方面，通过家庭教育和家风的熏陶，家庭成员逐渐形成共同的行为规范和道德标准。家庭文化还涉及家庭成员的生活方式和日常习俗，包括家庭的饮食习惯、着装风格、居住环境等方面，反映了家庭的生活态度和审美取向，同时也体现了家庭成员之间的共同体验和情感联系。

家庭文化是家风家教的具体体现，反映了家庭成员的文化认同和精神追求，是家庭成员共同生活和共同发展的文化基础。在家庭文化的熏陶下，家庭成员之间建立起了深厚的情感纽带，感受到了家庭的温暖和安全，形成了归属感和认同感。家庭文化的形成离不开家庭成员之间的相互影响和社会环境的作用，是家庭内部和家庭与外界互动的结果。家庭文化不是一成不变的，它会随着时代的变迁和家庭成员的变化而发生变革和创新，产生新的文化形式和内涵，但同时也会保留和传承优秀的家族传统文化。

4. 家庭价值观（family values）

家庭价值观是家庭成员共同认同和遵循的价值导向，是家庭生活和行为的基本准则和指导原则。家庭价值观反映了家庭成员对生活和人生意义的理解，包括对爱、责任、信仰、教育等方面的态度和看法。家庭价值观的形成受到家庭文化、社会环境、个人经历等多种因素的影响，是家庭内部和外部互动的产物，呈现出多样性和个性化，对家庭成员的行为具有指导性和规范性的作用，影响着他们的思想、态度和行为选择。

以上这些相关概念共同构成了家风家教文化的丰富内涵，主要反映了家庭在社会生活中的重要地位和作用。

二、家风家教文化的内涵

家风家教文化作为一个家庭的精神内核，其内涵之一是关于道德品质的培养。这一方面不仅涉及道德准则的传承，更包括了道德品质的培养和强化。习近平总书记对家庭、家教和家风建设有许多论述，如“家庭是人生的第一个课堂”“家风是一个家庭的精神内核”“家风是社会风气的重要组成部分”等。在家庭中，对道德品质的培养始于日常生活中的点滴细节。例如，家长在日常交往中对邻里亲友的友善与尊重、对弱者的关怀与帮助，都会潜移默化地在孩子心中树立起良好的榜样，这种道德观念的传承往往是通过亲身示范和言传身教的方式实现的，而非简单的口头上的灌输。因此，在家风家教文化中，家长扮演着至关重要的角色。

家风家教文化中关于道德品质的培养，不仅是一种道德准则的传承，更是一种全方位的教育方式，涵盖了家庭生活的方方面面，以点滴之力影响着孩子们的成长和发展。文化传承与价值观念是家风家教文化内涵的重要组成部分。家庭作为传统文化的重要传承主体，承载着代代相传的文化基因和价值观念。家长将传统文化的精髓传递给下一代，包括但不限于儒家思想、孔孟之道、诗词歌赋等文化元素。在家风家教的熏陶下，孩子们不仅能够学习到优秀传统文化知识，更能够理解其中蕴含的道德与智慧。通过家庭文化的传承，孩子们建立起对中华文化的认同感和自豪感，形成了独特的文化身份，家风家教文化也为孩子们的心智成长提供了坚实的基础。在家庭中，孩子们通过学习家风家教，不仅能够了解传统文化的价值观念，更能够培养自主学习和思考的能力。家庭文化的传承不仅是对传统文化的继承和发扬，更是对下一代心智成长的重要支撑。

人格修养与自我提升是家风家教文化内涵的关键方面之一。在家庭环境中，个体的人格修养和自我提升是通过家庭成员的言传身教和家庭文化的熏陶而逐步形成的。首先，家庭是一个人性格养成的重要环境，通过家风家教的引导，家庭成员学会了如何正确处理人际关系、如何树立正确的人生观和价值观，从而塑造了健康、积极的人格品质。其次，优质的家庭教育注重的是全面发展，除了重视学业成绩，家长还会鼓励孩子参与各种兴趣培养和社会实践活动，培养他们的综合素养和社会责任感。最后，家庭教育还促进了个体的自我认知和自我提升。在家庭中，孩子们可以自由地表达自己的想法和感受，得到家长的支持和鼓励，从而建立起自信心和自尊心，通过不断地反思和总结，他们能够逐步提升自己，实现个人价值和人生目标。家庭成员在中华优秀传统家风家教的熏陶下，不仅能够获得道德品质和文化素养的提升，更能够实现个人的全面发展和自我实现。

家庭关系与社会责任是家风家教文化内涵中至关重要的方面。家庭关系的健康与和谐是家庭教育的重要目标之一。在良好的家庭环境中，家庭成员之间相互尊重、相互支持，建立了亲情、友情、爱情等多种关系。家风家教文化通过教育和示范，引导家庭成员树立起齐家、和睦、敬老、爱幼的家庭伦理观念，这种家庭关系的建立不仅促进了家庭成员之间的情感交流和沟通，也为他们提供了成长和发展的坚实支撑。与此同时，家庭成员在家风家教的熏陶下，还将承担起传承文化、服务社会的责任。他们将通过言传身教和实际行动，传承和弘扬传统文化的精髓，积极参与社会公益活动，为社会的和谐稳定贡献自己的一份力量。从这个角度来说，传承家风家教文化不仅是家庭成员之间相互关系的建立和发展，更是对社会责任的担当和践行。

教育方法与传承方式在家风家教文化内涵中具有重要意义。家庭是最早的教育场所，而家风家教文化正是通过家庭教育的方式，传承着文化、价值观念和道德准则。首先，家庭教育强调言传身教。家长通过自己的言行举止成为孩子们学习的榜样，其行为和态度直接影响着孩子们的思想观念和行为习惯。其次，家庭教育还应该注重情感沟通和亲子互动。在家庭中，父母与孩子通过交流和沟通，建立起深厚的情感纽带，家长能够更好地了解孩子的内心世界，指导他们的成长发展。家庭规范和家庭氛围也是家风家教的重要组成部分，在和谐温馨的家庭环境中，孩子们能够感受到家庭成员之间的互相关爱和支持，自然而然地接受家庭文化的熏陶。最后，家庭教育强调个性化和针对性。每个孩子都是独一无二的个体，家长应该根据孩子的性格特点和兴趣爱好，量身定制教育方案，引导他们健康成长。因此，家庭教育在家风家教文化中扮演着至关重要的角色，不仅是知识的传递，更是品德和情感的塑造，是孩子成长过程中不可或缺的一部分。

三、家风家教文化作为思想政治教育家庭化形式的内涵

家风家教文化在家庭成员的人格培养和品质塑造中扮演着至关重要的角色，通过家庭日常生活中的点滴行为和互动，潜移默化地影响着孩子们的性格和品质。家长作为孩子的第一任老师，其行为举止、言谈话语都对孩子起着示范作用，其在日常生活中表现出的正直和诚信可以教导孩子诚实面对错

误、勇于承担责任，这种耳濡目染的教育方式能让孩子从小树立起诚信和责任感的价值观。同时，家庭中的生活环境和氛围也对孩子的人格培养有着深远影响。一个充满关爱、尊重和鼓励的家庭环境，有助于孩子形成积极、乐观、自信的性格。反之，一个充满矛盾和冲突的家庭环境，可能会对孩子的心理健康和性格发展产生负面影响。通过家庭成员之间的互动，孩子们学会了如何与人相处、如何处理矛盾与冲突，这些都是他们在人际交往中不可或缺的技能。家庭教育还注重培养孩子的独立性和自我管理能力，例如通过安排适当的家务劳动，让孩子学会时间管理和责任分担，增强他们的独立意识和自我管理能力。家庭中的文化传承和精神熏陶，也在潜移默化中塑造了孩子的审美情趣和文化素养，培养他们对传统文化的认同感和自豪感，从而形成良好的文化品格。家风家教文化通过日常的生活细节和行为规范，对孩子们的人格和品质进行了全方位、多层次的培养和塑造，为他们的健康成长和未来发展奠定了坚实的基础。

家风家教文化在家庭成员的社会化过程中起到了至关重要的作用，通过家庭内部的互动和教育，孩子们逐渐学会如何融入集体、与他人合作以及处理复杂的人际关系。家庭是孩子们接触社会的第一个场所，家长在家庭聚会、邻里往来等社交场合中的表现，直接影响孩子对社会交往的认知和行为模式。通过观察和参与这些活动，孩子们学会了礼貌待人、分享合作和解决冲突的技巧，这些都是他们融入社会所必需的能力。家庭中的规则和规范对孩子的社会化过程有着深远影响。在家庭中，家长通过制定和执行家庭规则，如作息时间、家务分工、用餐礼仪等，帮助孩子理解社会规范的重要性，使其学会遵守规则和纪律。这种对规则的理解和遵守，为孩子们未来在学校、职场和社会中的行为奠定了基础。家庭成员之间的互动还教会了孩子们如何处理人际关系，通过与兄弟姐妹的相处，孩子们学会了分享、妥协和合作，这些技能在他们未来的社交生活中至关重要。这些活动不仅增强了孩子们对家庭的归属感和认同感，也为他们未来在社会中融入集体、承担社会责任奠定了良好的基础。总体而言，家风家教文化通过日常生活中的点滴教育，系统地培养了孩子们的社会化能力，使他们能够顺利融入社会，成为具有良好社会适应能力和责任感的公民。

家风家教文化不仅在文化传承方面发挥着重要作用，也鼓励家庭成员在此基础上进行创新。家庭是传统文化的主要载体之一，通过家庭中的各种文化活动和教育方式，孩子们不仅了解和继承了丰富的文化遗产，还被鼓励去创新和发展新的文化形式。家风家教文化通过日常生活中的具体实践，将传统文化的精髓传递给下一代。例如，通过节日庆祝、家族故事的讲述、传统技艺的传承等方式，家庭成员对传统文化产生了深刻的认同感。这种文化传承不仅帮助孩子们了解了自己的文化根源，还培养了他们对传统文化的尊重和热爱。现代家庭中的家长，通常会鼓励孩子们在继承传统文化的同时，积极探索和发展新的文化形式。家长可能会带孩子参观博物馆、参与文化创意活动、使用现代科技工具创作艺术作品等，这种创新精神不仅激发了孩子们的创造力和想象力，还使传统文化在现代社会中得以焕发新的活力。通过这种文化传承与创新的结合，家庭成员不仅传承了丰富的文化遗产，还在此基础上进行创新，创造出具有时代特征的新文化形式。这种文化体验不仅增强了家庭成员的文化认同感和自豪感，还促进了他们对文化多样性的理解和尊重。家风家教文化还通过家庭内部的文化传承，形成了一种独特的家庭文化氛围。这种氛围使家庭成员在潜移默化中提高了他们的文化素养和审美情趣。通过家庭中的器物摆设、传统节日的仪式、家族历史的纪念等，孩子们在日常生活中可以时刻受到文化的熏陶和影响。这种独特的家庭文化氛围不仅培养了孩子们对传统文化的热爱和保护意识，还激发了他们对文化创新的兴趣和热情。家风家教文化通过文化传承和创新的结合，既保持了家庭和民族文化的延续性，也促进了文化的多样性发展。

家风家教文化通过强化家庭成员之间的纽带作用，显著增强了家庭的团结和凝聚力。良好的家风和家教能够营造出和谐、互助、尊重的氛围，这种氛围不仅有助于每个家庭成员的个人成长，也为家庭整体的稳定和发展提供了坚实的基础。注重孝道和尊老爱幼的家庭，会通过日常生活中的点滴行为，如照顾长辈、关心孩子等，培养家庭成员之间的深厚感情和责任感。这种对家庭责任的认同，使得家庭成员在面对外部压力和挑战时，能够团结一致、相互支持，共同应对困难。家风家教文化通过处理家庭内部的矛盾和冲突，教会家庭成员如何通过沟通和协商解决问题，保持家庭的和谐和团结。在一个重视家庭文化的家庭中，家长会以身作则，展示如何在矛盾中保持冷静、如何通过倾听和理解化解冲突。这种解决问题的方式不仅维护了家庭的和谐，也为孩子们树立了良好的榜样，使他们在未来的生活中能够有效地处理人际关系和冲突。

家风家教文化对家庭成员的学习理念和学习动力有着深远影响，通过家庭环境的熏陶和家长的引导，孩子们在成长过程中形成了正确的学习观念和强大的学习动力。家长的言传身教在塑造孩子的学习理念中起到了至关重要的作用。家长营造一个安静的学习环境，示范性地进行阅读和学习，这些行为都向孩子传递了学习的重要性和价值，这种家庭氛围让孩子们从小就意识到学习不仅是获取知识的途径，更是自我提升和发展的重要手段。此外，家长还可以与孩子共同制定学习计划、设定阶段性目标和奖励机制，帮助孩子在学习过程中树立明确的方向感和目标感。家长结合孩子的兴趣和特长，设定具体的学习目标，并在达成目标后给予适当的奖励。这种目标导向的教育方式，不仅提高了孩子们的学习兴趣和动力，也培养了他们的自我管理和自我激励能力。

家风家教文化在培养孩子的道德观念和行为规范方面发挥了至关重要的作用，通过家庭内部的言传身教和潜移默化的影响，孩子们形成了正确的价值观和良好的行为习惯。家风家教文化通过家庭成员的日常行为和言语，传递了道德观念和行为规范。家长作为孩子的第一任老师，他们的言行举止对孩子有着重要的示范作用。家长在日常生活中表现出的诚信、责任感和尊重他人的行为，会直接影响孩子的道德判断和行为选择。当孩子看到家长遵守承诺、诚实待人、积极履行家庭和社会责任时，他们也会自然而然地接受这些行为规范，并在自己的生活中加以实践。

第二节　中华优秀传统家风家教文化的核心思想

家风家教文化是中华民族精神的重要组成部分，是家庭成员在长期生活实践中形成的行为规范和道德准则。其内涵深刻而丰富，主要体现在家风、家训、家规等方面，是家庭成员日常生活、言行举止的基本准则和道德规范。家风家教不仅包含了对家庭成员个人品德、行为习惯的要求，还涉及家庭和谐、社会责任等更广泛的内容。中华优秀传统家风家教文化的核心思想在《大学》中有着深刻的体现，体现了中国传统文化中对人与人、人与家庭、人与社会关系的重视和思考。《大学》作为儒家经典之一，阐述了人格修养、家庭和睦、社会交往等方面的理念，为中华传统家风家教文化的形成和发展提供了重要的思想基础。其中，“大学之道，在明明德，在亲民，在止于至善”这句话强调了修身立命之道。“明明德”指的是明辨善恶，坚守正义；“亲民”则强调了以民为本，推崇民本思想；“止于至善”则体现了追求最高境界的价值追求，这表明了个体应当通过修身养德塑造高尚品德，以至善至美的境界为目标。另外，《大学》中还提到“治家”和“齐家”，强调了家庭的重要性，“治家”是指管理好家庭，保持家庭和谐稳定；“齐家”则是指家庭成员之间和睦相处，亲情深厚。这体现了家庭的团结和亲情，强调了家庭的重要作用。与此同时，《大学》也强调了处世交友之道，如“为人君，止于仁；为人臣，止于敬”。这告诉我们在人际交往中应该以仁爱和敬意对待他人，要以礼待人，宽容待人，实现和谐共处。这些经典的古代文化典籍为中华优秀传统家风家教文化的核心思想提供了深刻的哲学基础和理论支撑，激励着人们不断追求道德的提升和社会的进步。

这一思想体系不仅是对个体品德修养的要求，更是对整个社会的道德规范和文明建设的引导。在这一思想框架下，个人从个体层面出发，通过自我提升和道德修养来建立正确的人生观和价值观；齐家睦亲强调了家庭成员之间的和睦相处和亲情关爱，为家庭的和谐稳定打下了基础；而处世交友之道则是将个人的修养和家庭的和睦延伸到社会生活中，提倡诚实守信、友善待人、乐于助人的行为准则，促进社会的和谐发展。这些核心思想贯穿于中国传统文化的方方面面，影响着中国人民的思想观念、行为规范以及社会风气，是中华民族传统文化的重要组成部分，也是中国文明传统的宝贵财富。理解和传承家风家教文化，不仅有助于弘扬中华优秀传统文化，还能够为现代社会的道德建设和文化发展提供宝贵的精神财富。

一、修身立命之道

在中华优秀传统家风家教文化中，修身立命之道是一种精神修养和道德观念，强调个体应通过不断自我提升来塑造高尚品格，以实现人生的价值与意义。道德修养是修身立命的重要内容之一。儒家经典强调了仁、义、礼、智、信等道德观念，认为人应当从内心深处培养这些美德。个体应当勇于探索未知，勇于追求真理，以求得心灵的升华和人生的圆满，应当将道德准则融入日常生活中，为社会的进步与和谐作出积极贡献。修身立命之道不仅是一种道德修养，更是对人生价值和社会责任的思考与实践，是中华传统文化的重要组成部分，也是引导个体成长和社会发展的重要力量。

修身立命之道体现了对人生意义和价值取向的深刻思考。个体在追求修身立命之道时，不仅要探索自己的人生目标，更要明确自己的价值取向，从而指引自己的人生方向。首先，个体应当从内心深处反思自己的渴望和追求，思考什么是真正对自己有意义的事情。这需要个体审视自己的兴趣、天赋、价值观等方面，找到自己真正感兴趣的领域和想追求的目标。其次，个体还应当从社会和环境中汲取营养，吸取他人的经验和教训，以丰富自己的人生阅历和视野，为人生的抉择提供更广阔的参考。同时，个体也应当关注社会的发展和变化，思考自己在社会中的角色和责任，积极回应时代的召唤，为社会的进步和发展作出应有的贡献。最后，个体还应当不断反思自己的人生选择和行为举止，确保自己的人生道路与自己的内心追求保持一致，以免在追求外在成功的过程中迷失了自己的初心。综上所述，个体在追求修身之道时，需要通过思考和实践，明确自己的人生价值和意义，以实现自我价值的最大化和人生的圆满。

在中华优秀传统家风家教文化中，修身立命之道不仅体现在精神层面，还体现在行动上。首先，个体应当在日常生活中践行仁爱、诚信、勤劳等美德。仁爱是指对他人怀有同情心和关爱之情，关心他人的需要，尊重他人的人格，倡导互相帮助、互相关爱；诚信是个体应当遵守诺言，讲信用，以诚信待人，以诚信立身，不欺骗他人，不违背诺言；勤劳则是个体应当努力工作，不断进取，勤俭节约，追求卓越，以实际行动为社会作出积极的贡献。

其次，个体还应当通过参与志愿活动、社区服务等途径，为他人提供帮助，为社会带来正能量。可以通过义务教育、扶贫帮困、环境保护等方面的志愿服务，为社会的发展和进步尽一份力量，实现自己的价值和意义。同时，通过言传身教影响身边的人，传播正能量，弘扬社会正气，推动社会的良性发展。综上所述，个体在实践修身立命之道时，应当从日常生活中的点滴做起，通过言谈举止、志愿服务、职业操守等，将道德准则贯彻于生活的方方面面，为社会的进步与和谐作出积极的贡献。

修身立命是一个复杂而深刻的主题，它涉及个人的道德修养与人生目标之间的紧密联系。修身和立命虽然是两个不同的层面，但它们在个人成长和发展中相互依存、密切配合，共同塑造了个体的全面素质和社会角色。修身为立命提供了坚实的道德基础。修身的核心在于个人在道德、品行和心理素质方面的自我提升。一个具备良好修养的人，通常具有坚韧的品格和高尚的情操，这种内在的道德力量不仅能帮助其在个人生活中作出正确的决策，还能使其在社会中获得他人的尊重和信任。因此，修身可以为个人的立命目标提供道德上的支持和方向，使得立命的过程更加稳固和可信。立命则为修身提供了明确的目标和方向。立命的关键在于明确人生的意义和目标，这是个体在生活中追求的终极方向。通过明确人生目标，个人能够将修身的努力集中到具体的方向上，使得修身的过程更加有的放矢。例如，当个人设定了明确的职业目标和社会责任时，修身的过程就不再是抽象的自我提升，而是有助于实现这些目标的具体行动。这样，修身与立命就形成了动态的互动关系：立命的目标指导了修身的方向，而修身的进步则为实现立命目标提供了必要的支持和保障。进一步而言，修身、立命的关系也体现在道德与实践的结合上。在传统文化中，修身不仅仅是理论上的修炼，更需要通过具体的实践来体现。这种实践可以是日常生活中的良好行为、对社会的贡献、对家庭的责任等。通过实践，个人能够将修身的理论应用到现实中，形成具体的行动方案。这种理论与实践的结合，不仅使修身变得更加实际和可操作，也使立命目标的实现更具现实性和可行性。例如，个人在追求事业成功的同时，通过不断修炼自身的品德和能力，能够在职场中有更好的表现，在实现自我价值的同时也促进了职业目标的实现。

现代社会的修身立命面临着复杂的挑战和多元的机遇，在此背景下，修身不仅是个人道德提升的过程，也是适应社会变迁和实现个人价值的关键。传统的修身立命观念虽然在现代社会依然具有深远影响，但在全球化、信息化的现代化社会背景下，这些观念需要重新审视和适应。现代社会的修身立命涉及个体如何在快速变化的社会环境中保持道德准则、实现个人目标，同时肩负起承担社会责任和推动社会进步的双重任务。首先，在信息化和全球化的背景下，现代社会的修身立命要求个人具备更高的自我管理和道德自律能力。信息技术的飞速发展，使得个人在获取信息、沟通交流以及参与社会活动方面变得更加便捷，但同时也带来了信息过载和信息虚假的风险。个人在这个过程中需要更加注重自我修养，保持信息处理的理性和清晰，通过内心的道德自律，筛选和吸纳有价值的信息，避免陷入信息迷雾和道德困境。全球化背景下的多元文化交融，也要求个人在修身立命过程中，既要保持自身文化的独立性，又要尊重和包容其他文化，实现文化的互鉴和融合。其次，现代社会的修身立命需要个人在自我实现与社会责任之间找到平衡点。在个人职业发展的过程中，如何将个人目标与社会需求相结合，成为现代人修身的重要内容。个人在追求自身职业成功和生活幸福的同时，需要关注社会的需求和挑战，积极参与社会建设和公共事务。比如，面对环境保护、社会公平等全球性问题，个人不仅要在日常生活中践行环保和公益，还要在职业发展中考虑社会影响，通过自身的专业能力和资源，推动社会的可持续发展。最后，现代社会的修身立命也强调心理健康和情感管理。在快节奏的社会环境中，个人面临着巨大的工作压力和生活压力，心理健康问题日益突出。修身不仅涉及道德和行为的规范，也包括心理和情感的调适。现代人需要通过有效的心理调适和情感管理，保持积极的心态和健康的心理状态，从而更好地应对社会的挑战和个人的困境。个人通过修身过程中的自我反省、情感调节和压力管理，可以提高心理韧性，增强应对困难的能力，实现内心的平和与生活的平衡。现代社会的修身立命还包括对个人与社会关系的重新审视。在多元化的社会环境中，个人不仅要关注自我发展，还要积极构建和谐的人际关系和社会网络。个人在修身过程中，需要通过良好的沟通和互动，建立健康的人际关系，提升社会交往能力。同时，也要关注社会中的不平等，积极参与社会改革和改善，推动社会的公平与正义。

二、齐家睦亲之道

尊老爱幼作为齐家睦亲之道的核心理念之一，强调对家庭中长辈的尊敬和对幼辈的关爱。这一理念不仅体现了中华民族的传统美德，更是家庭和谐、社会稳定的重要基础。尊重长辈是中华文化中极为重要的传统美德。长辈在家庭中不仅仅是年龄上的长者，更是智慧和经验的象征。他们有丰富的人生经历，积累了大量的生活经验和处世智慧，这些都是家庭宝贵的财富。尊重长辈，不仅是对他们人格和贡献的认可，也是家庭伦理和道德的基本要求。在实际生活中，尊老体现在对长辈的日常关心和照顾上。长辈需要的并不仅仅是物质上的满足，更重要的是精神上的关怀和陪伴。家庭成员应多花时间陪伴长辈，与他们交流谈心，倾听他们的意见和建议，让他们感受到家庭的温暖和尊重。此外，在重大节日和家庭活动中，长辈应受到特别的礼遇和关注，以体现对他们的尊重和感激之情。对幼辈的关爱同样是齐家睦亲的重要内容。孩子是家庭的未来和希望，他们的健康成长关系到家庭的兴旺和社会的进步。家庭成员应给予孩子充分的关爱和保护，为他们营造一个安全、温馨、充满爱的成长环境。在教育中，家长应注重孩子的全面发展，不仅要关注他们的学业成绩，还要关注他们的品德修养和心理健康。家长应以身作则，通过自己的行为为孩子树立良好的榜样，同时要尊重孩子的个性和兴趣，鼓励他们自由发展。家庭教育应注重培养孩子的责任感、自信心和独立性，使他们在良好的家庭氛围中健康成长。此外，家长应注重与孩子的沟通和交流，倾听他们的心声，理解他们的想法和需求。家长与孩子之间的关系应建立在平等、尊重和信任的基础上，通过有效的沟通解决问题、增进感情。尊老爱幼不仅是对家庭成员个人的关怀和爱护，更是促进家庭和谐的重要手段。家庭和谐是社会和谐的基础，尊老爱幼的家庭氛围有助于增强家庭成员之间的凝聚力和向心力，使家庭成为每个成员心灵的港湾。家庭是社会的细胞，尊老爱幼的家庭氛围可以通过家庭成员的行为影响到整个社会，促进社会的和谐与稳定。尊老爱幼作为齐家睦亲之道的核心理念，不仅是家庭和谐的重要保障，也是社会道德建设的重要内容。通过尊重长辈、关爱幼辈，家庭成员之间可以建立深厚的感情，增强家庭的凝聚力和稳定性。

和睦相处是齐家睦亲之道的重要组成部分，强调家庭成员之间的和谐关系和相互理解。这不仅是家庭幸福的基础，也是社会和谐的重要保障。和睦相处的前提是理解与包容。组成家庭的夫妻双方来自不同的背景，有着不同的性格和兴趣爱好，难免会在日常生活中产生分歧和矛盾。在这种情况下，理解和包容显得尤为重要。每个家庭成员都应该学会站在对方的角度思考问题，尊重彼此的观点和感受，而不是一味坚持自己的立场。理解与包容能够化解矛盾，增进家庭成员之间的感情，使家庭氛围更加和谐。有效的沟通与交流是和睦相处的关键。家庭成员之间的沟通不仅仅是信息的传递，更是情感的交流和理解的深化。通过沟通，家庭成员可以了解彼此的想法和需求，及时解决矛盾和问题，避免误会和隔阂的产生。沟通的方式可以多种多样，包括面对面的交流和借助书信、电话、现代网络通信工具等。无论采用何种方式，沟通的核心都是坦诚和真诚。家庭成员应当真诚地表达自己的想法，同时也要耐心倾听对方的意见，只有这样才能实现真正的交流。家庭是一个整体，家庭成员之间不仅要共享欢乐，还要共同面对责任和挑战。每个家庭成员都有责任为家庭的幸福和稳定贡献力量。无论是日常的家务劳动，还是应对家庭的重大事务，家庭成员都应积极参与、分担责任。共同承担责任不仅能够减轻家庭成员的负担，还能增强家庭成员之间的合作精神和凝聚力。和睦相处还需要家庭成员之间的相互支持与鼓励。在每个家庭成员的成长和发展过程中，难免会遇到困难和挫折。此时，家庭成员的支持和鼓励显得尤为重要。相互支持不仅是物质上的帮助，更是精神上的鼓励和安慰。通过相互支持，家庭成员可以增强信心、克服困难、共同成长。相互支持还能够增进家庭成员之间的感情，使家庭更加紧密团结。良好的家庭氛围是和睦相处的重要保障。家庭氛围是指家庭成员之间的互动方式和家庭的整体氛围。充满爱与关怀的家庭氛围能够使家庭成员感到温暖和安心，从而更加愿意为家庭的和谐努力。创造良好的家庭氛围需要家庭成员共同努力。家长应以身作则，通过自己的言行营造温馨和谐的家庭氛围，同时也要鼓励孩子积极参与家庭事务，增强他们的责任感和归属感。通过理解与包容、沟通与交流、共同承担责任、相互支持与鼓励，家庭成员之间可以建立深厚的感情，增强家庭的凝聚力和稳定性。

互相尊重是齐家睦亲之道的关键一环。尊重家庭成员的个性、尊重他们的选择和观点，是建立和谐家庭的基础。每个人都有自己的独特性，在家庭中对彼此尊重，能够增强家庭成员的自尊心和自信心，从而促进家庭的和谐与稳定。每个家庭成员都有自己独特的个性和特点。在家庭生活中，尊重彼此的个性差异，能够避免因性格不合而产生的矛盾。尊重个性不仅体现在言语上，更体现在行动中。家庭成员应当在生活细节中表现出对彼此的尊重，给予对方足够的空间和自由，让每个人都能够在家庭中感到舒适和自在。家庭成员在面对重大决策时，往往会有不同的选择和意见。尊重彼此的选择，能够使家庭成员感到被重视和认可。无论是选择职业、教育路径，还是生活方式，家庭成员都应当相互尊重，不应将自己的意愿强加给别人。尊重选择还包括尊重家庭成员的兴趣爱好和生活习惯，通过尊重彼此的选择，家庭成员之间可以建立更深厚的信任和理解。在家庭内部，家庭成员常常会就各种问题展开讨论和交流。尊重彼此的观点，能够使讨论更加顺畅和具有建设性。即使在意见不一致的情况下，家庭成员也应当以尊重的态度对待对方的观点，通过平等的交流和讨论，找到共同的解决方案。尊重观点不仅是对他人的尊重，也是对自己的尊重，因为通过尊重他人，我们也能够得到他人的尊重和认可。互相尊重是齐家睦亲之道的重要体现，通过尊重个性、尊重选择和尊重观点，家庭成员之间能够建立更加和谐与信任的关系。在日常生活中，家庭成员应当以实际行动表现出对彼此的尊重，共同营造一个充满关爱和理解的家庭环境。

在探讨中华优秀传统家风家教文化中的齐家和睦之道时，我们不仅仅是在描述家庭成员之间的和谐相处，更是在揭示家庭和睦对整个社会的重要意义。家庭是社会的基本单位，是社会稳定和谐的基石，当家庭成员之间和睦相处时，家庭将成为一个温馨、和谐的生活场所，成员在这个环境中得到安全感、归属感和幸福感。而一个和睦的家庭也会积极向外辐射正能量，影响周围的社会环境。和睦的家庭可以培养出更加健康、积极向上的个体，他们将在社会中展现出更多的奉献精神和社会责任感，为社会的稳定和发展贡献力量。齐家和睦之道也有助于增强家庭成员之间的凝聚力和团结力，当家庭成员在共同的价值观和信仰下团结一致时，家庭就能够更好地应对来自外界的挑战和压力，保持内部的稳定和团结。这种家庭团结不仅能够增强家庭成员之间的彼此信任，还能够为家庭成员提供更多的支持和帮助，从而在生活和工作中形成良性循环，促进个体和家庭的双重发展。齐家和睦之道不仅是家庭成员之间和睦相处的一种方式，更是社会道德和文明进步的体现。通过弘扬齐家和睦之道，能够建立更加和谐、稳定的家庭关系，促进家庭成员的个人成长，从而推动社会的进步和发展。

三、处世交友之道

中华优秀传统家风家教文化中的处世交友之道体现了深厚的文化积淀和智慧，其核心在于培养个人在社会交往中所需的各种美德和素养。这些美德不仅有助于个人的成长和成功，还在很大程度上促进了社会的和谐与稳定。下面这些原则是历史选择出的处世交友的基本原则。

诚实守信。诚实守信是中华优秀传统家风家教文化中处世交友的核心原则之一。它不仅是一种道德规范，更是社会交往中的基石。在人与人的交往中，诚实意味着在言语和行动上真实不欺、坦诚待人，不隐瞒事实。守信则是指信守诺言，言出必行，不背弃承诺。诚实守信使得人际关系建立在真实和信任的基础之上，能够有效避免因虚假和欺骗带来的不信任和摩擦。《论语》有云："人而无信，不知其可也。"意思是说，一个人如果不讲信用，就无法在社会中立足。古人非常重视诚实守信，因为它不仅关系到个人的声誉和道德形象，更直接影响到人际关系的质量和深度。诚实守信的人往往能够赢得他人的尊重和信任，因为他们言行一致，不会为了眼前的利益而出卖自己的原则。此外，诚实守信也有助于个人心灵的宁静和坦然，因为一个诚实的人不需要担心谎言被揭穿，不需要在心中承受虚伪带来的内在冲突和不安。因此，诚实守信不仅有助于个人在社会中建立起良好的人际关系，还能让个人在道德和心理上获得更多的满足和安宁。通过家风家教的引导，诚实守信可以在家庭成员间代代相传，形成良好的家庭氛围和社会环境。

尊重他人。尊重他人是中华优秀传统家风家教文化中处世交友的重要原则，体现了对他人价值和尊严的高度重视。尊重他人不仅体现为言语上的礼貌和行为上的礼节，更是对他人内心和人格的认可与尊重。在与人交往中，尊重意味着倾听和理解他人的观点和感受，即使在意见不一致的情况下，也能保持平和与宽容的态度。《礼记·曲礼》提道："礼尚往来，往而不来，非礼也；来而不往，亦非礼也。"这句话强调了尊重是相互的，只有在尊重他人的基础上，才能赢得他人的尊重。尊重他人还意味着尊重他人的隐私和个人空间，不随意干涉和评价他人的私生活和决定。这种尊重能够减少很多不必要的摩擦和冲突，营造出和谐的人际氛围。此外，尊重他人还包括对他人劳动成果和知识产权的尊重，不抄袭、不剽窃，在学术和工作中恪守职业道德。尊重他人不仅是道德修养的体现，也是社会文明的重要标志。尊重他人能够增强人际交往的质量和深度，促进社会和谐与进步。尊重他人还是建立信任和友谊的基础，一个尊重他人的人往往能够获得他人的信赖和支持，从而在生活和事业中获得更多的机会和成功。因此，尊重他人不仅是一种高尚的道德品质，也是实现个人和社会共同发展的重要途径。

宽容大度。宽容大度是中华优秀传统家风家教文化中处世交友的润滑剂，是处理人际关系的重要智慧。宽容意味着能够理解和包容他人的错误和不足，不因小事斤斤计较，以一种平和、谅解的态度对待他人的过失。大度则是指在面对冲突和矛盾时，能够放下个人恩怨，保持豁达开阔的胸怀。宽容大度的态度不仅有助于化解矛盾和冲突，还能为自己赢得更多的朋友和支持者。《论语》曰："君子和而不同，小人同而不和。"这句话揭示了君子能够包容多样性，保持和谐关系，而小人则因为狭隘而难以与他人和睦相处。宽容大度不仅是一种个人修养，更是一种社交艺术，它能够让人际关系更加顺畅和融洽。在家庭中，宽容大度有助于营造和谐的家庭氛围。家庭成员之间难免会有摩擦和矛盾，能够相互宽容，便能减少冲突、增进感情。父母对孩子的宽容大度，不是一味地纵容，而是在孩子犯错时给予理解和引导，让他们在宽松的环境中成长，学会承担责任和改正错误。在人际交往中，宽容大度能够让友谊更加稳固。朋友之间的矛盾如果得不到及时的宽容和化解，很容易造成关系的破裂。宽容朋友的缺点和错误，能够让友谊经得起时间的考验。在职场中，宽容大度同样重要。一个宽容大度的领导，能够理解员工的失误和不足，不会因小过失而苛责员工，从而激发员工的工作热情和忠诚度。团队成员之间的宽容大度，能够减少内部摩擦，促进合作和团队精神的形成。宽容大度还体现了对他人的尊重和理解。它是一种超越个人利益和情感的高尚品质，是中华优秀传统文化中的宝贵遗产。在现代社会中，宽容大度仍然具有重要的现实意义，能够帮助我们在纷繁复杂的人际关系中找到和谐共处之道。通过家风家教的传承，宽容大度的美德可以在家庭成员之间代代相传，形成良好的家风，促进社会的和谐发展。

乐于助人。乐于助人是中华优秀传统家风家教文化中处世交友的重要品质，体现了个体与社会的良性互动和互助精神。乐于助人不仅意味着在他人遇到困难时给予力所能及的帮助，更重要的是一种发自内心的善意和愿意付出的态度。这种品质不仅能够温暖他人，增强社会的凝聚力，还能在帮助他人的过程中提升自我价值，实现个人与社会的双赢。《论语》有云："己欲立而立人，己欲达而达人。"这句话强调了推己及人、关心他人的道德精神。乐于助人不仅有助于构建和谐的人际关系，还能够营造积极向上的社会风气。在家庭中，乐于助人能够增强家庭成员之间的互助和支持。父母乐于助人，孩子耳濡目染，也会培养出同情心和责任感。在社区和社会层面，乐于助人的行为能够形成强大的社会支持网络。一个乐于助人的社区，居民之间相互关爱，能够有效地解决许多生活中的实际问题，提升社区的整体幸福感。志愿服务是乐于助人的具体体现，通过参与志愿活动，人们不仅能够帮助那些需要帮助的人，还能在服务过程中获得满足感和成就感，增强社会责任感和公民意识。在职场中，乐于助人能够促进良好的同事关系和工作氛围形成。一个乐于助人的员工，能够积极协助同事解决工作中的难题，分享自己的经验和知识，从而提升团队的整体工作效率和合作精神。乐于助人的领导能够营造开放、信任和互助的工作环境，增强员工的归属感和团队凝聚力。在现代职场中，团队合作越来越重要，乐于助人的品质不仅能够让个人在团队中获得良好的口碑，还能为团队和组织的发展贡献力量。

重信守诺。重信守诺是中华优秀传统家风家教文化中处世交友的核心理念之一，是构建诚信社会的基石。重信守诺不仅意味着在承诺和协议中严格履行自己的责任和义务，还意味着在日常生活和工作中以诚信待人、言出必行。诚信是一种道德规范，是社会成员之间信任的前提。《论语》有云：“人而无信，不知其可也。”意思是，一个人如果不讲信用，就无法在社会上立足。重信守诺不仅能够赢得他人的信任和尊重，还能够促进个人与社会的和谐发展。在家庭中，重信守诺是家风的重要组成部分。父母以身作则、言出必行，为孩子树立诚信的榜样，能够有效地培养孩子的诚信意识和责任感。例如，父母对孩子的承诺，如陪伴时间、奖励等，应当兑现，这样孩子才能了解信守承诺的重要性。在家庭成员之间，诚信是维系家庭关系的重要纽带，彼此之间的信任感和安全感都是建立在重信守诺的基础上的。在社会交往中，重信守诺是维护友谊和人际关系的重要原则。朋友之间的交往，尤其需要建立在诚信的基础上。一个守信用的人，能够赢得朋友的信任和长久的友谊；相反，不守信用的人很容易失去朋友的信任和支持。重信守诺还能够在陌生人之间建立信任感，如在商业交易、邻里关系中，诚信是双方合作和交往的基础，能够减少摩擦和纠纷，促进和谐关系的建立。在职场中，重信守诺是职业道德的重要体现。员工应当严格遵守对公司的承诺和公司的规章制度，公司也应当切实履行合同和福利政策。一个重信守诺的员工，能够在工作中获得同事和上司的信任和认可，为自己的职业发展创造更多的机会。一个重信守诺的领导，能够营造诚信、透明的工作环境，提升团队的凝聚力和工作效率。重信守诺还具有重要的社会意义。诚信社会是健康、和谐、可持续发展的社会。每个社会成员的诚信行为，汇聚成整个社会的诚信氛围。通过家风家教的传承和教育，重信守诺的理念能够在下一代中得到延续和发扬。社会中的每一个人，无论其身份和地位，都应当以诚信为本、以信义为重，从而推动整个社会的道德进步和文明建设。重信守诺不仅是一种个人美德，更是一种社会责任。通过家庭教育和社会倡导，诚信文化能够在全社会范围内得到弘扬，为实现社会的长治久安和繁荣发展奠定坚实的基础。

礼仪规范。礼仪规范是中华优秀传统家风家教文化中处世交友的重要原则，体现了对他人和社会的尊重和谦逊。礼仪不仅是一种行为规范，更是一种内在修养和道德品质的外在表现。礼仪规范包括语言、行为、仪表等方面，是个体在社会交往中展示自我修养和对他人尊重的重要方式。《论语》曰：

“不学礼，无以立。”意思是，不学习礼仪规范，就无法在社会上立足。礼仪规范不仅能够提升个人的形象和气质，还能促进和谐的人际关系和社会秩序构建。在家庭中，父母通过言传身教，将礼仪规范传递给孩子。例如，尊敬长辈、礼貌待人、守时守约等，都是家庭礼仪教育的基本内容。孩子在家庭中学习和实践礼仪规范，不仅能够培养良好的行为习惯，还能形成谦逊有礼的性格。家庭成员之间的礼仪规范，如问候、感谢、道歉等，能够增强家庭的和谐氛围，增进彼此的感情和理解。在社会交往中，礼仪规范是维护良好人际关系的重要手段。礼仪规范能够帮助人们在交往中表现出应有的尊重和礼貌，减少误解和冲突。无论是在正式场合还是日常生活中，礼仪规范都能够展示一个人的素养和教养。例如，社交场合的礼仪，如握手、寒暄、礼让等，能够让人感受到尊重和友好，进而形成良好的第一印象并建立良好的人际关系。遵守社交礼仪规范，能够提升自己的社会交往能力和人际关系质量。礼仪规范还具有重要的社会功能。一个重视礼仪规范的社会，能够形成文明、和谐、有序的社会风气。礼仪规范不仅是个人行为的规范，更是社会文明程度的体现。通过家风家教的传承和社会教育，礼仪规范能够在社会中得到广泛的认同和践行，促进社会的和谐稳定与道德进步。礼仪规范不仅是一种个人美德，更是一种社会责任，通过家庭和社会的共同努力，礼仪文化能够在全社会范围内得到弘扬，为构建文明和谐的社会环境奠定坚实的基础。

第三节　中华优秀传统家风家教文化的发展演变

中华优秀传统家风家教文化的发展演变是一个历经千年、不断积淀和创新的过程。这一文化从古代起源，经由历代的社会变迁，政治、经济发展和文化传播，其内涵不断丰富，逐渐形成了今天我们所熟知的完整体系。其发展演变历经了从萌芽到成熟，再由盛转衰的复杂过程，这一过程与中国社会的历史变迁紧密相连。在先秦时期，家风家教文化开始萌芽，逐渐形成基本理念和规范。此时，家庭在社会生活中扮演着重要角色，家风家教的影响初显，但整体尚处于起步阶段。汉唐时期是家风家教文化发展的黄金时期。儒家思想成为社会主流，家庭伦理观念如孝道、忠恕、仁爱等广泛传播，成为家风家教的重要内容。这一时期，家庭的地位和作用进一步增强，家风家教文化影响力显著提升，形成了系统而深厚的传统文化。宋元明清至近代，家风家教文化经历了由盛转衰的阶段。随着社会经济、政治和文化的深刻变革，传统家庭观念和家风家教文化受到挑战。特别是近代以来，西方文化的冲击使传统家风家教文化面临严峻考验，家庭结构和功能发生显著变化，家风家教的传承与发展也受到影响。在全球化和信息化的背景下，现代家庭教育不仅关注道德伦理的传承，还注重孩子综合素质的培养。家风家教文化的现代化体现为教育观念的更新和教育方式的多样化。家长们更加重视孩子的心理健康、个性发展和社会适应能力，现代科技和媒体手段也被广泛应用于家庭教育中。此外，现代家庭教育逐渐打破了传统家庭教育的单一性，形成了学校教育、社会教育和家庭教育相互配合的综合教育体系。中华优秀传统家风家教文化的发展演变，是一个不断适应社会变化、融入时代新元素的过程。无论是古代的伦理道德教育、近代的观念变革，还是现代的多元化发展，家风家教文化始终在中国社会中发挥着重要的作用。它不仅是维系家庭和谐的重要纽带，也是培养个人品德和社会责任感的重要途径。通过不断的发展和创新，家风家教文化在新时代焕发出新的生机和活力，继续为社会的进步和文化的传承提供强大的精神支持。

一、先秦时期：传统家风家教文化的萌芽阶段

在先秦时期，家风家教的形成是一个复杂且深远的过程，其逐渐成为家庭和社会生活的重要组成部分。这个时期，家庭作为社会的基本单位，不仅承担着生产和生活的功能，还开始肩负起教育的责任。家风家教的萌芽，源于家庭内部对道德规范和行为准则的传授和贯彻。家庭内部的教育模式主要以父母对子女的教育为主，同时也包括祖父母和其他长辈对晚辈的教导。这种家庭教育的初步形成，体现了社会对道德修养和行为规范的高度重视。家风家教的内容不仅涉及基本的生活技能，还包括礼仪、文化知识和道德教

育。家庭成员之间的互动，为家风家教提供了一个具体的、实践性的场景。在日常生活中，长辈们通过自己的行为示范向晚辈传递诚实、守信、孝敬等价值观。这种教育方式不仅增强了家庭成员之间的凝聚力，也促进了家庭整体道德水平的提高。家风家教的初步形成，还受到当时社会文化背景的影响。先秦时期的社会结构相对稳定，家庭在社会中的地位和作用极为重要。家风家教作为家庭内部和谐与稳定的重要保障，逐渐被视为家庭管理和教育的核心内容。同时，家庭内部的教育逐步规范化和系统化，使家风家教的传承成为有组织、有目标的教育活动。先秦时期家风家教的初步形成，为后世家风家教文化的发展奠定了坚实的基础。通过家庭内部的教育，传统的道德规范和行为准则得以延续和传承，使家庭成员不仅在个人修养上有所提升，也为整个社会的道德水平和稳定发展作出了贡献。这一时期的家风家教，尽管尚未形成完整的体系，但其所奠定的基础，成为中华优秀传统家风家教文化的重要起点。

在先秦时期，儒家思想的奠基对于传统家风家教文化的形成具有至关重要的作用。孔子是这一时期最具影响力的思想家，他提出了一系列关于家庭伦理和教育的核心理念，这些理念成了家风家教文化的理论基础和实践指导。孔子认为，家庭是社会的基本单位，个人修身和家庭治理是实现社会和谐的重要途径。《论语》中，孔子强调了家庭伦理的重要性，如“孝悌也者，其为仁之本与”。这句话表明孝道和悌道是仁爱精神的根本，孝敬父母、尊重兄长是做人最基本的美德。在孔子的思想体系中，家庭教育被视为个人修养的重要起点。儒家学派提出“修身、齐家、治国、平天下”的理念，强调个人修身养性、治理家庭是治国理政的基础。具体而言，修身指的是个人的道德修养和自我完善，齐家则是指家庭的和谐治理。孔子认为，一个人只有在家庭中培养出良好的道德品质，才能在社会中发挥积极作用，进而促进国家的治理和天下的太平。孟子、荀子等其他儒家思想家在先秦时期也对家庭伦理和家教文化形成作出了重要贡献。儒家学派提出“仁义礼智信”的道德规范，强调家庭教育应注重仁爱和道义。孟子认为，家庭是培养仁爱之心最重要的场所，只有通过家庭教育，才能将仁爱精神传播到整个社会。荀子则强调教育和环境对人的影响，提出“性恶论”，认为人的本性是恶的，需要通过教育和环境的改造才能变得善良。荀子的这一观点进一步凸显了家庭教育的重要性，其认为良好的家风家教可以塑造人的道德品质，改造人的不良本性。《大学》一书也反映了儒家对于家庭教育的重视，其中“格物、致知、诚意、正心、修身”强调了个人修养，而“齐家、治国、平天下”则进一步说明了个人修养与家庭治理、国家治理之间的密切关系。这种思想体系表明，家庭教育不仅是个体道德培养的基础，更是社会和国家治理的根本。因此，儒家思想的奠基，不仅为家风家教文化提供了理论依据和实践指导，还深刻影响了中国古代社会的家庭伦理和道德规范。

在先秦时期，除了儒家思想的奠基，法家、道家和墨家等其他学派的思想也对传统家风家教文化的萌芽和发展产生了深远的影响。这些思想不仅丰富了家风家教的内涵，还为其提供了多样化的视角和实践路径。法家思想，代表人物是韩非子，强调法律和制度的力量。在家风家教文化的初步形成过程中，法家的影响主要体现在对家庭规范和纪律的重视上。法家认为，社会秩序需要通过严格的法律和制度来维持，同样，家庭的和谐与稳定也需要通过明确的规章制度来保障。这种思想在家庭教育中体现为对规矩和纪律的强调，家长通过制定家庭规则和规范，教育子女遵守，从而培养他们的法治观念和责任意识。法家的这一观点为家风家教注入了规范化和制度化的元素，使其在具体操作中更具条理和秩序。道家思想，主要代表人物是老子和庄子，强调自然、无为和顺其自然的生活态度。在家风家教文化中，道家的影响主要体现在对自然和谐与个性发展的重视上。老子的《道德经》提倡“无为而治”，在家庭教育中，这一思想转化为对孩子个性和自然天性的尊重。道家认为，每个人都有其独特的天赋和性格，家庭教育应顺应孩子的自然发展规律，不应过度干预或强制。庄子在《南华经》中也提到“齐物论”，强调人与自然、人与人之间的平等与和谐。这种思想影响了家风家教文化，使其更加关注个体的自由成长和人与人之间的和谐相处。墨家思想，代表人物是墨子，提倡兼爱、非攻和尚贤。在家风家教文化中，墨家的影响主要体现在对博爱精神和实用教育的强调上。墨子提倡“兼爱”，即无差别的爱，这种思想在家庭教育中表现为对子女平等、无私的关爱和教育。他反对战争，提倡和平，主张通过实际行动和技能来改善生活。墨家的这一实用主义观点影响了家庭教育的内容，使其不仅关注道德教育，还重视实际技能的培养，鼓励孩子通过学习和实践掌握有用的知识和技能，成为对社会有用的人。先秦时期各家学派思想的交融，使得传统家风家教文化呈现出多样化和丰富性的特征。儒家的伦理道德、法家的纪律规范、道家的自然和谐以及墨家的博爱实用，共同构成了家风家教文化的多维基础。这些思想不仅为家庭教育提供了丰富的内容和方法，也为中华优秀传统家风家教文化的长期传承和发展奠定了坚实的基础。通过这些思想的融合和实践，家风家教文化在先秦时期得以初步形成，并在此后的历史发展中不断完善和深化，成为中华文化的重要组成部分。

先秦时期是中华优秀传统家风家教文化的萌芽阶段，这一时期的家风家教文化主要体现在以下几个方面。首先，家族尊卑有序。在先秦时期，家族制度是社会组织的基本单位，家族成员之间存在明确的尊卑关系。家长在家庭中扮演着权威和领导者的角色，负责管理家族事务、传承家风家训。子女则需尊敬长辈，遵从家规家训，维护家族的尊严和荣誉。其次，崇尚孝道和家族荣耀。孝道是先秦时期社会的核心价值观之一，被视为人与人之间最基本的道德准则之一。同时，家族荣耀是人们追求的目标之一，子女的言行举止直接关系到家族的荣誉，因此在家庭教育中注重培养子女的品德和行为规范。最后，注重传统礼仪和道德修养。在先秦时期，礼仪和道德修养被视为社会秩序良好和家庭和谐的重要保障。家庭教育着重培养子女的礼仪规范和道德修养，强调在言谈举止中尊重他人、遵守社会规范，注重个人品德的修养和完善。

在先秦时期，家庭教育强调家族传统和文化传承，这意味着家风家教不仅是对个人品德的塑造，更是对整个家族文化的延续和发展。这种文化传承在当时的社会中具有重要意义，主要体现在以下几个方面。首先，家族传统是家风家教文化的灵魂。先秦时期的家庭教育不仅着眼于子女的成长和个人修养，更注重将家族的传统和文化代代相传。这些传统包括家族的起源、历史、成就和价值观念等，通过口头传承和行为示范的方式代代相传，形成了家族独特的文化符号和认同感。其次，家族传统是社会稳定的重要支撑。在先秦时期，社会秩序相对稳定。家族传统的传承和发展不仅有助于维护家族内部的凝聚力和稳定性，更有助于社会整体的和谐与稳定。同时，家族传统是文化认同的重要来源。家族传统不仅是家族成员之间情感联系的纽带，更是每个家族成员的文化认同和归属感的来源。通过对家族传统的认同和尊重，家庭成员能够建立起自己的文化自信心和归属感，形成共同的文化认同，增强家族凝聚力和向心力。最后，家族传统是社会进步和发展的重要动力。家族传统的传承和发展不是一成不变的，而是随着时代的变迁和社会的发展而不断变化和更新。家族成员在传承家族传统的同时，也需要不断进行创新和发展，使之适应时代的需要和社会的发展，推动家族和社会的进步和发展。综上所述，先秦时期的家庭教育强调家族传统和文化传承，这不仅是对家族历史和文化的尊重和传承，更是社会稳定和文化认同的重要支撑，有助于维护社会秩序、促进社会进步和发展。

二、汉唐时期：传统家风家教文化的发展成熟阶段

在汉唐时期，儒家思想的传播与影响在家风家教文化的发展中起到了至关重要的作用。儒家思想作为当时社会的主流思想，其核心价值观念贯穿于家庭生活的方方面面。首先，孝道作为儒家思想的重要组成部分，强调子女对父母的孝敬之情，体现了家族尊老的重要原则。在家庭教育中，父母往往以儒家经典中的孝道故事为例，教导子女尊敬长辈、关爱家人，使孝道成为家庭的核心价值观。其次，仁爱、忠诚等儒家思想也渗透于家庭伦理之中。家庭成员之间相互尊重、互相关爱，体现了仁爱之道；家族成员对家族的忠诚，表现了忠诚的精神。这些价值观念通过家庭教育代代相传，不仅深刻影响了个体的行为举止，也构建了家族的凝聚力和稳定性。同时，儒家思想还强调礼仪之道，倡导人们在日常生活中遵循礼法，注重人与人之间的相处之道。家庭作为最基本的社会单位，通过遵循儒家礼仪，加强了家庭成员之间的交往和沟通，促进了家风家教文化的形成与传承。因此，汉唐时期儒家思想的传播与影响不仅对家庭内部的和谐发展起到了重要作用，也对整个社会的价值观念和道德伦理产生了深远影响。

在汉唐时期，传统家风家教文化进入了相对成熟的阶段，儒家思想在此时期对家庭伦理和道德规范的塑造具有深远影响。首先，儒家思想强调了家

族和睦相处的重要性。在汉唐时期，家庭被视为社会的基本单位，而儒家思想提倡的和谐共处成为家庭成员相处的指导原则。家人之间的和睦相处不仅体现了家庭的凝聚力和稳定性，也为社会的和谐发展奠定了基础。其次，汉唐时期的家庭教育注重传统文化的传承与发展。在家庭生活中，父母们通过言传身教的方式，将儒家经典的核心价值观念传授给子女，使他们在成长过程中树立正确的人生观、价值观和道德观。这种传统文化的传承不仅有助于培养子女的道德品质和文化素养，也为家庭的长远发展奠定了坚实基础。

汉唐时期的家庭教育注重传统文化的传承与发展。儒家经典如《论语》《大学》等被家长们作为教育子女的重要工具，通过讲述经典故事、阐释经典道理，传授儒家思想的核心价值观念。这种传统文化的传承不仅有助于培养子女的道德品质和文化素养，也为家庭的长远发展奠定了坚实基础。此外，汉唐时期的家庭生活强调了家庭成员之间的相互尊重和关爱。家庭成员之间相互尊重、互相支持，形成了良好的家庭氛围。这种相互尊重和关爱不仅有助于增进家庭成员之间的感情，也有助于培养子女的社会责任感和情感素养，从而促进家庭的和谐发展。因此，汉唐时期的儒家思想在家庭伦理和道德规范的传承中发挥了重要作用，为中华优秀传统家风家教文化的形成和发展奠定了坚实基础。

汉唐时期，传统家风家教文化的发展还体现在对家庭结构和社会地位的影响上。首先，汉唐时期家庭结构相对稳定，家庭成员之间的角色和责任分工清晰。一般来说，父母承担着养育子女、传承家风家训的责任，而子女则应尊敬父母、孝顺长辈。这种家庭结构的稳定性有利于传统文化的传承和家风家教的稳固发展。其次，汉唐时期家庭在社会地位和影响力方面也得到了加强。随着社会经济的发展和政治体制的稳定，许多家庭通过商业贸易、官员晋升等途径积累了财富和声望，成为当时社会的重要力量。这些富裕家庭不仅在经济上能够支持家风家教的传承，还通过自身的言行举止和社会活动对周围的社会环境产生了积极的影响。比如，汉唐时期的家庭积极参与到社会公益事业中，修筑桥梁、兴建学校、捐资助学等，展现了家庭的社会责任感和影响力。总的来说，汉唐时期家庭的稳定结构、经济实力和社会地位为传统家风家教文化的发展提供了良好的条件，使得家庭在社会中的作用和影响得到进一步强化。

从对社会价值观念的塑造和传播的角度来看，汉唐时期是中国历史上经济繁荣、文化兴盛的时期，社会风气相对宽松，文化交流频繁。在这样的背景下，家庭作为社会基本单位承担着传承文化的重要责任。家风家教文化通过家庭的日常教育、礼仪习俗、家规家训等方式，渗透于社会各个角落，对社会成员的行为、思想和价值观念产生了深远的影响。汉唐时期的文化繁荣也促进了儒家思想的传播和弘扬。儒家思想强调的仁爱、礼义、孝道等传统价值观念被广泛应用于家庭教育和社会治理中。家庭作为儒家思想的重要传播渠道，通过言传身教、家庭仪式等方式，将这些价值观念代代相传，形成了中华优秀传统家风家教文化的基石。另外，汉唐时期还出现了一系列关于家风家教的文学作品，如《弟子规》等，这些作品通过生动的语言和具体的事例，向人们传达了正确的家庭道德观念和行为规范，对社会风气的塑造起到了积极的作用。综上所述，汉唐时期的社会背景和文化环境为家风家教文化的发展提供了有利条件，家庭在传承和弘扬传统价值观念、塑造社会风气方面发挥着重要作用。

三、宋元明清至近代：传统家风家教文化的由盛转衰阶段

在宋元明清至近代，传统家风家教文化经历了由盛转衰的阶段，这一变迁与社会的巨大变革密不可分。随着封建社会结构的演变，家庭的地位和功能发生了显著变化。封建时代，家庭不仅是生活的基本单位，更是社会结构的基石，具有严格的等级和规范。然而，随着社会经济的发展和城市化的兴起，个体家庭的独立性和自主性逐渐增强，家庭关系模式也逐渐发生变化。此外，随着文化思潮的变迁，儒家思想虽然仍占主导地位，但新兴的学派和思想逐渐涌现，给传统家庭观念和价值体系带来了挑战。西方文化的不断渗透也加剧了传统文化与现代文化的冲突，家庭价值观念和传统规范面临着严峻考验。同时，战乱和社会动荡也是传统家庭观念衰落的重要原因之一。战乱时期，家庭成员的生存和安全成为首要问题，传统的家风家教文化面临着严峻的考验和挑战。总的来说，宋元明清至近代的中国社会经历了巨大的变

革和动荡，这些变化对传统家风家教文化的发展产生了深远的影响，使得传统文化逐渐式微，而现代化、多元化的家庭观念和价值观正在逐渐取代传统文化。

传统家风家教文化的由盛转衰，与社会、政治、经济等方面的变革密不可分。这一阶段的中国社会处于政治动荡和社会变革的时期，封建制度逐渐走向衰落，统治者的权威受到挑战，社会结构和经济格局发生了重大变化。这种政治和社会的不稳定性直接影响了家庭的稳定和家风家教文化的传承。同时，经济的发展也带来了社会阶层的变动和家庭结构的调整，传统的家庭观念和价值体系逐渐瓦解。文化和思想的变迁也是导致家风家教文化转衰的重要原因。在这一时期，儒家思想虽然仍然占据主导地位，但是其他学派和思潮也开始兴起，对传统观念提出了质疑和挑战。与此同时，西方文化的传入和影响也对传统家庭观念产生了冲击，新思潮和新观念逐渐渗入社会生活的各个方面。这些新思潮的涌现和传播，使得传统的家风家教文化不再是主流，其地位逐渐被动摇。社会的变革也改变了人们的生活方式和价值取向，传统的家风家教文化所强调的忠孝、礼义等传统美德在现代社会中逐渐丧失了原有的意义和价值，人们更加注重个体的自由、平等和独立，家庭关系中也更加注重个体的感受和选择，而不是传统意义上的尊重和服从。

宗教对家风家教文化的影响不可忽视。在中国历史上，儒家思想一直是主导的文化思潮，但随着佛教、道教等宗教的兴起和传播，宗教信仰也成为家庭生活中重要的一部分。佛教强调的慈悲、舍己为人等思想与传统的儒家家风家教相辅相成，对家庭关系和家庭和睦起到了一定的促进作用。思想观念的变化也对家风家教文化的发展产生了重要影响。随着文化的多元化和交流的增加，人们接触到了更广泛的知识和观念，开始思考传统价值观念的合理性和适用性。一些新思潮的涌现，对传统的儒家观念提出了挑战，认为其过于僵化、束缚个人发展。这种思想的传播和影响，使得人们对传统家庭观念和家庭规范产生了怀疑和反思，导致了家风家教文化的部分衰落。此外，文化传承环境的变化也是影响家风家教文化的重要因素。如今，文化传承不再局限于家庭和社区，而是更多地依托于学校、媒体和社会机构。这些外部环境的变化使得家庭在文化传承中的地位相对削弱，传统家风家教文化的传承受到了一定程度的影响。因此，除了社会政治、经济等方面的变迁外，宗教、思想观念和文化传承等因素也在传统家风家教文化的由盛转衰中发挥了重要作用。

随着社会经济的发展和城市化进程的加速，传统家庭结构和功能发生了深刻的变化。在古代，中国的家庭是多代同堂的大家庭，家族观念和亲情关系占据着重要地位。但现代的家庭结构逐渐向核心家庭转变，多代同堂的大家庭逐渐减少。这种家庭结构的变化导致了家庭功能的重新定义和分配，传统的家族观念和亲情关系被弱化，家庭成员之间的联系和依赖性相应减弱。在这样的背景下，传统的家风家教文化也面临着转型和调整的挑战。因此，传统家风家教文化面临着重重挑战，需要适应社会变迁和家庭结构的变化，积极探索与时俱进的家庭教育模式和价值观念，以保持其活力和持久性。

第四节　传承创新中华优秀传统家风家教文化的重要价值

传承创新中华优秀传统家风家教文化所蕴含的重要价值是多方面且深远的。这一文化传统以其深厚的历史底蕴和丰富的内涵，承载着中华民族千百年来的优秀传统和智慧，体现了中华文化的独特魅力和精髓。传统家风家教文化强调孝道、诚信、礼仪、节俭等传统美德，培养了人们的良好品格和道德观念，对于塑造公民意识和社会责任感具有重要意义。同时，这一文化传统注重家庭和谐、亲情温暖，强调家庭教育的重要性，为人们提供了相互关爱和支持的温馨家庭环境。此外，家风家教文化还强调知识教育和人文素养的培养，重视教育的全面发展，促进了人才的成长和社会的进步。传承创新中华优秀传统家风家教文化不仅有助于弘扬中华民族的优秀传统文化，还能够提升人们的精神境界、促进社会和谐稳定、推动国家繁荣发展。

一、传播以儒学为核心的中国传统文化

经典传承与解读是传播以儒学为核心的中国传统文化的重要环节。儒学经典如《论语》《大学》等作为中国传统文化的核心，是具有代表性的文化遗产，承载着古代的智慧和思想精髓。这些经典作品中蕴含的丰富思想和价值观念，对中国历史、社会和人文发展产生了深远影响。经典的传承和解读是一个持续的过程，历代文人、学者通过对经典的研究和解读，不断丰富和发展了儒学思想。他们的注解、评价和批判，使得经典的内涵更加丰富和立体。此外，经典的传承和解读也是一种教育的过程，通过学校教育、家庭教育等途径，将经典中的思想和价值观传授给后人，培养他们的道德情操和文化素养。随着时代的变迁和社会的发展，经典的解读也在不断更新和拓展，以适应当代社会的需求和挑战。因此，经典传承与解读不仅是中国传统文化的延续，也是中国文化不断发展和创新的重要动力。

传播以儒学为核心的中国传统文化不仅仅局限于经典传承与解读，还包括了儒学思想的实践和应用。儒学思想在中国传统社会的各个领域都有所体现，包括政治、伦理、教育、礼仪等方面。这些思想和价值观被融入了中国社会的各个层面，影响着人们的行为和观念。儒学思想的实践是通过各种渠道和方式进行的。比如，在政治方面，儒学思想影响着统治者的治国理政，提倡仁政、忠诚、廉洁等原则；在教育方面，儒学思想是中国古代教育的核心内容，强调“以文化人”，培养有德有才的人才；在礼仪方面，儒学倡导的“礼义廉耻”等观念影响着人们的日常行为和社交方式。儒学思想的实践还体现在文化传统的继承和创新上，比如传统节日、礼仪习俗等都承载着儒学思想的影响，同时也在不断地演变和发展。总的来说，儒学思想的实践和应用是中国传统文化传播的重要方面，它通过各种形式和途径，深刻地影响着中国社会的发展和演变。

儒学思想作为中国传统文化的核心，在文化实践、社会制度、教育体系等方面产生着深远的影响。在文化实践方面，儒学思想通过戏曲传承、书院文化等渠道广泛传播。例如，古代文人墨客通过诗词、文章等文学作品表达儒家思想，将其传播至民间。戏曲艺术中也常常融入儒学思想，如京剧中的

历史剧目，通过塑造人物形象和情节设计，传递着儒家伦理观念和道德规范。儒学思想还通过书院文化等渠道传承，书院作为学术交流和思想传播的重要场所，成为儒学思想的重要承载者和传播者。在社会制度方面，儒学思想影响着中国古代的政治、法律、家庭等方面的制度建构。例如，儒家的仁政理念影响了统治者的治国思想和政策制定，推动了社会的稳定和发展。在教育体系方面，儒学思想塑造了中国古代的教育理念和教育制度，提倡“以文化人”，注重道德修养和知识学习。可以说，儒学思想在中国传统文化中扮演着举足轻重的角色，其传播与实践贯穿于中国古代社会的方方面面，对中国文化的发展和传承产生了深远影响。

在中国传统文化中，儒学思想的传播不仅通过书院文化和文学艺术等传统途径，还体现在社会生活的方方面面，如礼仪、家风、社会交往等。儒学思想强调礼仪的重要性，认为礼仪是维护社会秩序和人际关系的基石，因此，礼仪作为一种文化符号在中国传统社会中得到了广泛传承和普及。人们在日常生活中遵循着各种礼仪规范，如婚丧嫁娶、尊师重道等，这些都是儒学思想在社会生活中的具体体现。儒学思想对家风的塑造也产生了深远影响。家庭是社会的基本单位，儒学倡导的孝道、悌道等思想影响了家庭成员之间的相处模式和亲情关系，形成了以孝为本、以家为国的家风。这种家风的传承，不仅体现为家庭内部的教育传统，还通过家族宗族的世袭制度和家族祠堂等形式得到了延续和弘扬。儒学思想还影响了中国传统社会的社会交往方式。在社会交往中，人们普遍遵循着以尊卑、长幼为序的社会等级观念。尊重长辈、尊重权威是社会交往的基本准则，这也是儒学思想影响社会交往模式的一种体现。儒学思想作为中国传统文化的核心，其在礼仪、家风、社会交往等方面的传播和影响，构成了中国传统文化的重要组成部分，也为中国社会的和谐稳定和文化传承提供了坚实的理论基础和实践支撑。

儒学思想的传播还体现在文学艺术和教育制度中。在文学艺术领域，儒学思想为文学创作提供了丰富的题材和灵感，塑造了许多经典的文学形象和作品，如《论语》《孟子》等儒家经典著作成了中国文学的重要组成部分，通过这些文学作品，儒学思想得以广泛传播并深入人心。同时，儒学思想也对中国的教育制度产生了深远的影响。传统的儒学教育注重以经典为本、以德育为先，培养学生的品德修养和社会责任感，强调“立德、修身、正心、治家、平天下”的教育理念。这种以德育为中心的教育模式在中国历史上长期占据主导地位，影响了几千年的中国教育史，形成了中国教育的独特传统。在现代社会，虽然教育理念发生了一定的变化，但儒学思想依然对教育制度和教育方式产生着重要影响，如儒家的尊师重教思想仍然在中国的教育实践中得到广泛应用。随着社会的发展和时代的变迁，儒学思想在中国传统文化中的地位和作用也在不断演变和更新。在当代中国，儒学思想被重新审视和理解，被赋予了新的时代内涵和社会意义。一方面，儒学思想被视为传统文化的重要组成部分，被提倡和弘扬，强调传统价值观念在当代社会的重要性和适用性；另一方面，儒学思想也在与现代价值观念相互融合的过程中产生了新的内涵，被赋予了更加开放、包容的理念和思想，以适应当代社会的发展需求。因此，儒学思想作为中国传统文化的重要组成部分，不仅在历史上对中国社会产生了深远的影响，而且在当代社会仍然具有重要的现实意义和价值，为中国社会的发展和进步提供了精神支撑和文化底蕴。

二、稳定家族内部及传统社会统治秩序

在家族的权威和秩序方面，首先要理解家族在传统社会中的重要性。家族不仅是个人生活的基本单位，更是社会秩序的基石之一。在传统社会中，家族往往由长辈领导，他们在家庭中拥有权威地位，并负责制定家规、传承家训、调解矛盾等。长辈的言行举止往往被认为是家族内部秩序的典范，他们的教诲和引导对家族成员的行为起着至关重要的作用。因此，家族的内部秩序建立在尊重和服从长辈的基础上。长辈的权威并不仅仅是基于年龄和家族地位，更重要的是基于长辈对家族的奉献和付出。在传统社会中，长辈往往承担起家族的责任和义务，因此，长辈往往受到家族成员的尊重和信任。家族成员会尽力维护家族的尊严和形象，遵循家规、尊重长辈、团结互助，这是家族内部秩序得以维系的重要保障。家族内部的权威和秩序也受到传统文化和价值观念的影响。在传统文化中，孝道、忠诚、尊老爱幼等价值观被视为家族的重要组成部分，是家族秩序的重要保障。家族成员的言行举止往

往受到这些传统价值观的约束，他们会尽力维护家族的荣誉和尊严，从而保持家族内部的稳定和和谐。总的来说，家族的权威和秩序建立在长辈的权威、家族的传统文化和价值观念的基础上。因此，在传统社会中，稳定的家族内部秩序也有助于维护整个社会的稳定。

在传统社会中，稳定家族内部及传统社会的统治秩序还涉及家族成员之间的权力关系和社会等级制度。家族内部的权力往往是由家族长辈来掌握的，他们在家族中拥有决定性的话语权和决策权。这种权力结构往往是建立在家族长辈的年龄、地位和财富等基础上，长辈往往拥有对家族成员的指导和管理权。在这样的权力结构下，家族成员往往要服从长辈的安排和决定，维持家族内部的秩序和稳定。传统社会中的家族也是社会等级制度的基本单位之一。家族的地位和声望往往取决于家族的财富、地位等因素。在社会等级制度中，家族往往处于不同的地位和阶层，而家族成员的社会地位往往也受到家族的影响。因此，家族的稳定和秩序也反映了社会等级制度的稳定和秩序。家族的稳定和秩序还受到了宗法制度的影响。宗法制度是指以家族为基本单位，通过家族成员之间的血缘关系来确定社会地位和权力关系的制度。在宗法制度下，家族长辈往往担负着维护家族利益和传承家族财产的责任，他们通过家族成员之间的血缘关系来确立权力和地位的继承顺序。因此，家族的稳定和秩序也与宗法制度的维持息息相关。这些因素相互作用，共同维系着家族和社会的稳定和秩序，为整个社会的发展和进步提供了坚实的基础。

在传统社会中，家族内部及传统社会的统治秩序还受到家族内部的规范和约束因素的影响。这些规范和约束往往源自传统的家族道德观念、伦理道德和社会习俗，它们在一定程度上约束着家族成员的行为和生活方式，维护着家族内部的和谐与稳定。首先，传统的家族道德观念在家族内部扮演着重要的角色。这些道德观念包括孝道、忠诚、诚实、正直等，它们被视为家族成员行为准则的基石。在家族中，尊重长辈、孝敬父母、关心家人等是家族成员应遵循的基本原则，而违反这些道德观念往往会受到家族成员和社会的谴责和惩罚。其次，伦理道德也是维护家族内部秩序的重要因素。伦理道德强调了家族成员之间的相互尊重、互助和合作，促进了家族内部的团结和融洽关系。在家族中，人际关系的和睦与亲密往往建立在彼此的信任和信赖之上，而伦理道德的遵循则是维系这种信任和信赖的基础。最后，传统社会的社会习俗也对家族内部的稳定产生着重要影响。社会习俗包括各种各样的行为规范、礼仪和惯例，它们构成了家族生活的重要组成部分，指导着家族成员的行为和生活方式，增强家族的凝聚力和稳定性。因此，传统社会中稳定家族内部及传统社会的统治秩序不仅依赖于家族内部的权力结构和社会等级制度，还受到家族内部的规范和约束因素的影响。这些因素相互作用，共同维系着家族的稳定与秩序，在传统社会的发展进程中发挥着重要作用。

家族内部的规范和约束因素在维护传统社会的统治秩序中扮演着至关重要的角色。除了家族道德观念、伦理道德和社会习俗，还有一些其他因素也对家族内部的稳定起到了支撑和促进的作用。家族的权力结构和家族成员之间的地位关系对维护家族内部的稳定起着关键作用。在传统社会中，家族通常由长辈等权威人物领导，他们拥有决策权和领导权，对家族成员的行为和生活有着较大的影响力。这种权力结构能够有效地调节家族内部的关系，防止出现权力斗争和冲突，从而维护家族的统治秩序。家族传统的家法制度也是维护家族内部秩序的重要因素之一。家法制度是家族内部的一种法律体系，它规定了家族成员的权利和义务，以及对违反家族规定的惩罚措施。通过家法制度，家族能够对违反家族规范的行为进行惩罚和制裁，维护家族的权威和统治秩序，确保家族内部的稳定和和谐。在传统社会中，家族往往以农业生产和手工业为主要经济活动，家族成员通过劳动和经商获取收入，支撑家族的生活和发展。经济的稳定和繁荣能够提高家族成员的生活水平和生活质量，减少家族内部的经济纠纷和冲突，有利于维护家族的稳定和统治秩序。这些因素相互交织、相互促进，共同构成了家族内部的稳定机制，为传统社会的发展和稳定提供了坚实的基础。

三、促进个体社会化及良好风气的形成

教育体系的建立和发展是促进个体社会化和良好风气形成的关键因素之一。一个完善的教育体系不仅能够传授知识和技能，更重要的是能够培养个体的思维能力、道德观念和社会责任感。教育提供了一个规范的学习环境，通过

学校和教育机构的指导和引导，个体接受系统的知识教育，学习社会行为准则和道德规范。在这个过程中，个体不仅能够获取学术知识，还能够接受道德教育，了解什么是正确的行为方式、如何与他人相处，以及如何对待他人。教育培养了个体的思维能力和创新意识，使其具备独立思考和解决问题的能力。在教育体系中，个体不仅是知识的接收者，更是知识的创造者和传播者，能够通过自主学习和实践活动，提高自己的综合素质和能力水平，实现个人价值和社会价值的统一。因此，教育体系的建立和发展对于促进个体社会化和良好风气的形成具有重要意义，是推动社会进步和发展的重要保障。

另一个促进个体社会化和良好风气形成的重要因素是社会交往和互动。社会交往是个体与他人之间相互联系和沟通的过程，通过交往，个体能够认识到自己与他人之间的联系和依存关系，形成共同体意识和团队精神。社会交往为个体提供了一个了解他人和被了解的机会，通过与他人的交往，个体能够感受到他人的情感和需求，增进彼此之间的理解和信任。在这个过程中，个体学会了如何倾听他人的意见和建议，接受他人的批评和建议，增进与他人之间的情感联系和情感共鸣。社会交往促进了个体的自我认知和自我调适，通过与他人的交往，个体能够了解自己的优缺点，认识到自己的局限性和改进空间，从而不断完善自己，提高自己的综合素质和能力水平。社会交往还为个体提供了一个学习和成长的机会，通过与他人的交往，个体能够学习到他人的经验和教训，吸取他人的智慧和经验，丰富自己的人生阅历和社会经验，提高自己的综合素质和能力水平。因此，社会交往和互动是促进个体社会化和形成良好风气的重要途径之一，是个体与社会相互依存和相互支持的重要保障。

教育不仅仅是传授知识和技能，更是培养个体的品德和修养，引导个体树立正确的世界观、人生观、价值观。首先，教育提供了一个塑造个体品格和价值观的重要平台，通过教育，个体能够接受正面的影响和引导，形成积极向上的品德和价值观，树立正确的人生目标和价值追求，提高自己的道德水平和修养素质。其次，教育培养了个体的社会责任感和公民意识，通过教育，个体能够认识到自己与社会的关系和责任，树立正确的社会观念和公民意识，积极参与社会实践和公共事务，为社会的发展和进步贡献自己的力量。

最后，教育还促进了个体的自我发展和社会的整体发展，通过教育，个体能够发掘出自己的潜能，发挥自己的优势和特长，实现自己的人生价值和社会价值，为社会的繁荣和进步作出积极的贡献。因此，教育是促进个体社会化和形成良好风气的重要途径之一，是个体成长和社会发展的重要保障。

家庭作为个体最早、最重要的社会化机构，承担着塑造个体行为、价值观和社会关系的重要责任。在家庭中，个体通过与父母、兄弟姐妹的相处，学习到了最基本的行为规范和道德准则，形成了最初的社会认知和情感态度。父母的教育方式和家庭氛围对个体的成长发展有着深远的影响，良好的家庭环境能够促进个体形成积极向上的人格特质和社会行为。家庭是个体情感、认知和行为的重要社会化场所。在家庭中，个体不仅学习到了基本的生存技能和社会交往能力，还建立了与父母、兄弟姐妹之间紧密的情感联系和互动模式。这种情感纽带不仅影响着个体的心理健康和情绪稳定，还促进了家庭成员之间的相互支持和合作，为个体在社会中的发展奠定了坚实的基础。家庭还承担着传承和弘扬社会文化的重要使命。作为文化传承的主要场所之一，家庭通过语言、习俗、价值观念等方式将社会文化传递给下一代，培养了个体对传统文化的认同感和自豪感。良好的家庭文化传统能够激发个体的学习兴趣和创造力，促进文化的创新和发展，为社会的进步和繁荣作出了重要贡献。总的来说，家庭在个体社会化和良好风气形成中具有不可替代的作用，其通过教育、情感培养和文化传承等多种方式，塑造了个体的品格和行为，促进了社会的和谐稳定和文化的传承发展。因此，建设和谐稳定的家庭、培育良好的家庭文化，对于个体和社会都具有重要意义。

第二章 中华优秀传统家风家教文化传承创新的理论基础

中华优秀传统家风家教文化传承创新的理论基础，汇聚了多种思想和理论，其中最重要的就是马克思主义经典理论，也囊括了其他相关理论资源以及传承创新中的重要价值部分。马克思主义经典理论赋予了传承和创新中华优秀传统家风家教文化以基本的理论指导，突出了家庭作为社会基本单位的重要性，同时强调了文化在社会变革中的作用。其他相关理论资源借鉴则从系统论和场域 - 惯习论等角度丰富了对家庭文化传承创新的理论视角，为家风家教文化传承创新提供了重要的价值取向和思想支撑。这些理论基础相互交融、相得益彰，共同构建起中华优秀传统家风家教文化传承创新的理论框架，为推动家风家教文化的发展和传承提供了重要的思想基础和理论支持。

第一节 马克思主义经典理论

马克思主义经典理论对中华优秀传统家风家教文化的传承和创新具有深远的指导意义。首先，马克思主义强调了家庭作为社会基本单位的重要性，将其视为社会结构的基石，认为家庭是文化传承的主要场所。马克思主义同时强调了家庭内部关系的特殊性，主张家庭成员之间应该建立平等、民主的关系，这与中华优秀传统家风家教文化中的和睦相处、尊老爱幼等价值观相契合。其次，马克思主义关注社会变革与文化传承的关系，认为文化是在社会生产关系和生产力的基础上产生的，而家庭作为生产力和生产关系的重要基础，承载着丰富的文化内涵。因此，传承和创新中华优秀传统家风家教文化，必须在马克思主义理论的指导下，深入挖掘家庭在社会变革中的作用，促进家庭文化的发展与进步。马克思主义强调了文化的阶级性和历史性，提倡人民大众的文化自觉和文化创造，这为中华优秀传统家风家教文化的发展提供了重要的理论依据，对于中华优秀传统家风家教文化的传承和创新具有不可替代的重要作用。

一、马克思、恩格斯的家庭理论

家庭的起源与历史演变是马克思和恩格斯关于社会发展的重要命题之一，也是他们研究家庭问题的切入点之一。恩格斯在《家庭、私有制和国家的起源》中指出，家庭经历了从氏族社会的群婚制、对偶家庭到一夫一妻制的演变过程。在原始社会，家庭并不是以现代家庭的形式存在的。在人类社会发展的早期阶段，人们生活在原始共产主义的氏族社会中，生产资料是共有的。因此，家庭并没有私有产权的概念，也没有以血缘关系为基础的严格家庭结构。相反，氏族社会更倾向于群居和群体互助的生活方式，成员之间的关系更加平等。在这个阶段，家庭更多地表现为一种共同的生产单位，家庭成员之间的关系更像是一种合作关系，而不是现代家庭中的权力和地位关系。随着生产力的发展和生产关系的变化，特别是农业革命的出现，人类开始逐渐过渡到私有制社会。私有制的出现导致了财产的私有化，进而改变了家庭的性质。家庭不再只是一个生产单位，而是私有财产的保护者和传承者。一夫一妻制的家庭结构逐渐成为主流，家庭成员之间的关系开始变得更加稳定。在这个阶段，家庭的结构和功能发生了根本性的变化，成为社会生活的基本单位，家庭成员之间的关系开始呈现出更加明确的分工和地位差异。然而，随着生产力的不断发展和生产关系的不断变革，特别是资本主义制度的出现和发展，家庭再次面临着巨大的挑战和变革。资本主义家庭结构的出现，将家庭成员之间的关系重新定义为经济利益和私人财产的保护与传承。这种家庭结构下的性别不平等和家庭成员之间的压迫关系，成为社会的一个重要问题。因此，马克思和恩格斯认为，要想解决家庭中的不平等和压迫问题，就必须从根本上改变私有制社会的生产关系，实现生产资料的公有化，从而改变家庭的性质和功能，使之成为真正平等和自由的生活空间。

马克思和恩格斯对家庭的起源和历史演变进行了深刻的分析，提出了一系列关于家庭的理论观点。恩格斯在《家庭、私有制和国家的起源》中详细讨论了家庭中的性别关系。他认为，随着私有制的确立，男性在家庭中的主导地位逐渐加强，女性被降为男性的附属和财产，这种性别压迫在一夫一妻制家庭中得到了强化。其中，恩格斯特别强调了资本主义制度下的家庭结构对个人和社会的影响。在资本主义社会中，家庭不再只是生产和生活的场所，更成为资本主义生产方式的重要支撑。资本主义生产方式导致了家庭的商品化和物化，家庭成员之间的关系变得更加功利化和具有利益导向。在这种情况下，家庭成员不再是平等的合作者，而是被迫进入了经济关系的竞争和压迫中。尤其是妇女和儿童，由于受到家庭结构和社会制度的束缚，往往成为最弱势的群体，受到最大的压迫和剥削。马克思和恩格斯认为，解决资本主义社会中家庭问题的根本途径，就是从根本上改变资本主义生产关系，实现生产资料的公有化和社会化。只有这样，才能消除家庭内部的阶级和性别不平等，实现家庭成员之间真正的平等和自由。因此，马克思和恩格斯提出了共产主义社会的理想，认为只有在共产主义社会中，才能真正实现家庭的解放和人的全面发展。

马克思和恩格斯对家庭的分析不仅仅停留在资本主义社会下家庭的结构和问题上，他们也提出了一些关于未来共产主义社会中家庭的设想。他们认为，在共产主义社会中，家庭将会发生根本性的变革，成为一个全新的社会组织形式。首先，共产主义社会将消除私有制和阶级分化，社会的阶级对立和经济的剥削将不复存在。因此，家庭不再是生产和经济活动的基本单位，而是成为更加自由和平等的社会单位。家庭成员之间的关系将不再受到经济利益的束缚，而是建立在平等、互助和团结的基础上。其次，在共产主义社会中，劳动和生产将实现社会化，生产资料的公有化将使得劳动分工消失，家庭成员之间的劳动将更加平等和自由。因此，家庭成员之间的分工和关系将不再是基于性别和社会地位的划分，而是根据个人的特长和兴趣来安排。最后，共产主义社会将促进家庭成员之间的情感和文化交流。由于经济问题不再是家庭生活的核心，家庭成员将有更多的时间和精力投入情感交流和文化活动中，家庭成员之间的关系将更加和谐与亲密，人们将享受到更加充实和幸福的家庭生活。总的来说，马克思和恩格斯对共产主义社会中家庭的设想是自由、平等、和谐的家庭组织形式，这种家庭将成为人们共同生活、共同工作、共同享受生活的社会单位，有利于实现个人和社会的共同发展。

他们认为，共产主义社会中的家庭将经历一系列重大变革，其中之一是家庭成员之间的教育和培养方式将发生根本性的改变。由于私有制的消失和社会化的劳动，家庭成员之间的教育将不再受到经济利益的影响，而是更加注重个体的全面发展。在这样的社会背景下，家庭教育将更加注重培养个体的独立思考能力、创造力和创新精神，而不是简单地传递知识和技能。共产主义社会将实现教育的社会化和普及化，每个家庭成员都将享有平等的教育机会和资源。这意味着家庭成员之间的教育差距将逐渐消失，每个人都将有机会接受优质的教育，充分发展自己的潜能。这将有助于提高整个社会的文化素质和科学技术水平，推动社会的进步和发展。此外，共产主义社会还将促进家庭成员之间的自由和平等的教育关系。由于经济利益和社会地位不再是教育的决定性因素，家庭成员之间的教育关系将更加平等和和谐。父母将更加尊重和关爱子女的个性和需求，而子女也将更加尊重和信任父母的教育决策。这将有助于构建更加和谐、平等和幸福的家庭环境，促进家庭成员之间的良好关系和亲密沟通。

二、马克思、恩格斯的文化理论

在马克思、恩格斯的文化理论中，经济基础与上层建筑的关系是其中一个核心概念。根据他们的观点，一个社会的经济基础即生产关系和生产力的组合，决定了上层建筑，即政治制度、法律、宗教、道德和文化等的性质。这一概念源于他们的历史唯物主义观点，认为社会的发展是由经济基础推动的。在这个框架下，经济基础的变化会导致上层建筑的变化，而上层建筑的稳定或变化又会对社会经济结构产生反作用。以资本主义社会为例，资本主义的经济基础是私有制生产资料和雇佣劳动的生产关系，以及由此产生的生产力水平。这种经济基础形成了以资产阶级为统治阶级的社会结构。在这样的社会中，上层建筑的各种制度和意识形态往往被塑造成有利于资产阶级维护其利益的形式。政治制度、法律体系、宗教信仰、道德规范和文化价值观等都会受到资本主义经济基础的影响，成为资本主义统治的工具。这种经济基础与上层建筑的关系并不是一成不变的，而是随着社会发展和生产关系的变化而变化。当经济基础发生变化时，原有的上层建筑可能会受到冲击，需要适应新的经济条件而进行调整或改变。同时，上层建筑也会影响到经济基础的发展方向，例如，通过法律和政策的制定来保护私有制和资本主义市场秩序。总的来说，经济基础与上层建筑的关系是马克思、恩格斯文化理论中的一个重要观点，它强调了经济基础对上层建筑的制约和影响，揭示了社会结构和意识形态之间的密切联系，为理解文化现象的社会根源提供了重要的理论基础。

马克思、恩格斯的文化理论中还涉及了文化的阶级性质和阶级斗争的概念。根据他们的观点，文化不是超阶级的、中立的存在，而是受到阶级利益和阶级斗争的影响和制约的。在资本主义社会中，文化往往被资产阶级所掌控和主导，成为维护资本主义统治的一种手段。资产阶级通过控制教育、媒体、艺术等文化领域的资源和话语权，塑造和传播符合自身利益的意识形态，以维护自身的统治地位。例如，资本主义社会中的教育系统往往强调竞争、个人主义和功利性，这与资产阶级的利益密切相关，有利于培养符合资本主义经济体系要求的劳动者和消费者。然而，马克思、恩格斯并不仅仅强调了资本主义社会中文化的阶级性质，他们也关注了无产阶级文化的产生和发展。在《共产党宣言》中，他们提出了共产主义者的口号：“全世界无产者，联合起来！”这反映了他们对无产阶级的团结和觉醒的期待，同时也预示了无产阶级文化的崛起。随着无产阶级的觉醒和斗争意识的增强，无产阶级文化开始在阶级斗争中发挥重要作用，成为反抗资本主义压迫的力量。因此，马克思、恩格斯的文化理论强调了文化与阶级斗争的紧密关系，揭示了文化在社会结构中的阶级性质和阶级利益的反映，为理解文化现象的社会根源提供了深刻的思考。

在资本主义社会中，文化往往成为资产阶级统治的工具，被用来掩盖社会的阶级矛盾，维护统治者的利益。资本主义文化的特点之一是商品化，一切都被视为商品，包括艺术、知识、教育等，这导致了文化的商业化，使其失去了原本的人文精神和社会责任感。马克思、恩格斯认为，资本主义文化的解体和重建离不开阶级斗争的推动和社会主义的实现。他们希望通过社会主义革命，建立一个以劳动者为主体的社会，重新定义文化的价值取向，使之为人民大众服务，反映人民群众的利益和意愿。在社会主义社会中，文化将不再受到资本主义市场的支配，而是由全体劳动人民共同参与和管理，以满足人民群众对美好生活的追求和对自由、平等、公正的向往。马克思、恩格斯的这一设想，为后来社会主义文化建设提供了理论指导和政策基础。

马克思、恩格斯的文化理论还深刻地揭示了资本主义对文化的压迫和异化。在资本主义社会中，文化不再是人民群众的共同精神财富，而是被资产阶级垄断和操控的工具。资本主义通过文化来强化意识形态的控制，塑造人们的思想观念，维护统治阶级的利益。这种文化的压迫性和异化性表现在多个方面。首先，资本主义的文化是商品化和商业化的，一切都被看作是可以买卖的商品，包括艺术品、文学作品、电影音乐等，这导致了文化的泛滥和贬值，破坏了原本的文化精神和人文关怀。其次，资本主义文化的媒介是由资本控制的，如大型传媒机构、出版社、电影制作公司等，它们往往服从于资本逻辑，追求利润最大化，忽视了文化的社会责任和人文关怀，导致了娱乐至上、庸俗化的文化现象。再次，资本主义文化加剧了人们的精神空虚和文化贫困，人们在追求物质享受的同时，内心却缺乏精神寄托和文化滋养，这种空虚感和焦虑感进一步加剧了社会的不稳定和人际关系的冷漠。最后，资本主义文化的全球化也导致了文化的同质化和传统文化的边缘化，一些传统文化被边缘化和淘汰，被资本主义的大众文化所取代，这对人类文化多样性和文化传承构成了威胁。马克思、恩格斯的文化理论揭示了资本主义对文化的压迫和异化，强调了文化领域的阶级斗争，提出了社会主义文化建设的方向和目标，为我们认识和改造现实世界提供了重要的理论依据和政治启示。

历史唯物主义的文化观是马克思主义哲学的一个重要组成部分，强调社会发展的历史性和文化变迁的规律性。在历史唯物主义的视角下，文化被认为是社会生产力和生产关系发展的产物和反映，是阶级斗争的表现和工具。历史唯物主义认为文化是社会发展的产物。文化不是脱离社会历史条件而存在的，而是在特定社会生产关系和生产力条件下形成和发展的。文化的内容和形式受到社会经济基础的制约和影响，随着生产力和生产关系的变革而发生变化。历史唯物主义指出文化具有阶级性和阶级斗争性。在阶级社会中，不同阶级之间存在着文化上的利益冲突和意识形态的斗争。统治阶级通过控制文化资源和意识形态来维护自身统治地位，而被压迫阶级则通过文化反抗和革命来争取解放。文化不是超越社会现实的理想世界，而是社会存在的一种表现形式。文化的内容和形式反映了社会生活的方方面面，是人们对社会现实的认识和反映。此外，历史唯物主义强调文化与生产力和生产关系的相互作用。文化不仅影响着社会生产关系和生产力的发展，而且受到它们的制约和影响。在社会生产力和生产关系发生变革的过程中，文化也会随之发生变化，反映新的社会生产关系和生产力水平。总的来说，历史唯物主义的文化观是马克思主义哲学的一个重要组成部分，强调文化与社会历史发展的密切关系，是理解和研究文化现象的重要方法论基础。

三、列宁的文化建设理论

列宁对文化的重要性有着深刻的认识，他认为文化不仅是社会发展的重要标志，更是推动社会主义建设的重要力量。在列宁看来，文化是人类社会意识形态的集中表现，是对社会现实的认识和反映，它承载着社会生活的方方面面，涵盖着人们的思想观念、道德观念、艺术表现和科学知识等。因此，要想实现社会主义的伟大事业，就必须重视和发展社会主义文化，使之成为推动社会进步和提高人民素质的力量。列宁强调了社会主义文化在无产阶级革命和社会主义建设中的重要作用，他指出，文化是阶级斗争的工具，具有阶级性和阶级斗争性。在社会主义条件下，要发展无产阶级文化，就要加强对文化领域的领导，以巩固和发展社会主义制度。

列宁的文化建设理论强调了文化与经济基础之间的辩证关系，他认为文化是生产力和生产关系的表现，又对它们产生反作用。因此，要实现社会主义文化的发展，就必须与社会主义经济基础相适应，为经济建设提供强大的精神动力和智力支持。列宁还特别强调了文化革命的重要性，他认为，要建立和发展社会主义文化，就必须进行文化革命，打破旧的封建和资产阶级文化体制，彻底改变人们的思想观念和道德观念，培养和发展社会主义人格，为实现共产主义奠定思想和文化基础。在这一过程中，必须高度重视文化政治工作，加强党对文化领域的领导，确保文化事业始终服务于无产阶级和劳动人民的根本利益，保持其先进性和革命性。

在实践中，列宁还提出了一系列具体的文化建设措施，如发展普及教育、推广新文化运动、建设革命文化机构和媒体、培养革命文化人才等。这些措施有助于加强党对文化领域的领导，引导和规范社会主义文化建设，确保其朝着正确的方向发展，为社会主义建设提供坚实的精神支持。总体而言，列宁的文化建设理论为社会主义文化建设提供了重要的理论指导和实践经验，对后来的社会主义国家的文化事业产生了深远的影响。

列宁关于文化建设的理论强调了文化的阶级性和政治性，认为文化不仅是反映社会阶级斗争和政治斗争的产物，也是这些斗争的重要工具和手段。因此，他提出了在文化建设中要坚持无产阶级政治和工人阶级利益的原则，倡导无产阶级文化对资产阶级文化的革命性改造和颠覆。这种思想体现了马克思主义关于文化与政治、阶级斗争的辩证关系的基本原则，强调了在社会主义革命和建设中，文化战线同样具有重要的阶级性和政治性。另外，列宁的文化建设理论还强调了文化建设的大众性和民族性。他强调，文化建设必须以人民为基础，要贴近群众，广泛开展文化普及教育，使广大劳动人民能够参与和享受文化事业的成果，提高他们的文化素质和政治觉悟。同时，他也主张在建设社会主义文化的过程中，要尊重和发扬各民族的优秀传统文化，推动各民族之间的文化交流和交融，促进全民族的共同进步和团结统一。这一观点充分体现了列宁的民族平等和民族团结的理念，为构建多民族国家的社会主义文化奠定了坚实的理论基础，为社会主义文化建设提供了重要的理论指导和实践经验。

列宁的文化建设理论中，关于文化的大众性和民族性的观点，进一步强调了文化建设的广泛性和包容性。他认为，文化建设不仅仅是少数精英阶层的事业，更应该是广大劳动人民的事业，要将文化的权利和机会普及到全体劳动人民手中。这种观点反映了马克思主义对于文化的社会性质的深刻理解，强调了文化事业的民主性和群众性。在这一理论框架下，列宁提倡广泛普及文化教育，提升劳动人民的文化素质，以提高他们的政治觉悟和社会参与能力。他强调了文化建设要符合人民的利益和需求，要以满足人民对于文化的渴望和追求为目标，推动文化事业的全面发展。这种以人民为中心的文化建设理念，使得文化不再是少数特权阶层的私有财产，而成为全体人民共同拥有和享受的公共资源。此外，列宁还强调了文化建设的民族性，主张尊重和发扬各民族的优秀传统文化，促进各民族之间的文化交流和交融。他认为，各民族的文化传统都是人类文明的宝贵财富，应该得到充分的尊重和保护。在社会主义建设过程中，要加强各民族之间的文化合作和交流，共同推动全民族的文化进步和团结统一。这一理念体现了列宁对于民族平等和民族团结的高度重视，为构建多民族国家的社会主义文化奠定了坚实的理论基础。

第二节 其他相关理论资源借鉴

一、系统论

系统的定义和特征是系统论研究的核心内容之一。在系统论的视角下，系统被理解为由相互关联的元素组成的整体，这些元素通过一定的关系和规则相互作用，形成一个有机的整体。

系统论的第一个要点是系统具有明确或模糊的边界，这个边界用于区分系统与外部环境的关系，从而定义系统的范畴。系统具有结构，包括系统的组成部分以及它们之间的相互关系和连接方式。这些组成部分之间的关系不是随意的，而是按照一定的规律和规则组织和安排，形成了系统的结构。系统的结构决定了系统的功能和行为，是系统运行和发展的基础。此外，系统还具有功能，即系统为实现某种目标或满足某种需求而具有的能力和特性。这些功能涉及系统的输入、处理和输出等方面，体现了系统的目的和意义。综合来看，系统的定义和特征包括了系统的边界、结构和功能三个方面，这些特征相互作用、相互影响，构成了系统论研究的基本框架和理论基础。

系统论的第二个要点是系统的层次结构和自组织特性。系统论认为，系统可以分解为不同的层次，每个层次都是由若干个子系统组成的，而每个子系统本身又可以进一步分解为更小的子系统。这种层次结构的特点使得系统具有复杂性和多样性，不同层次的子系统之间相互作用和相互影响，共同构成了整个系统的结构和功能。系统论还强调系统的自组织特性，即系统内部的元素和结构能够在一定的条件下自发地组织和演化，形成新的结构和功能。这种自组织特性体现了系统的韧性和适应性，使得系统能够在不断变化的环境中保持稳定和持续发展。系统的层次结构和自组织特性是系统论研究的重要内容，它们揭示了系统的内部结构和演化规律，为理解和应用系统思维提供了重要的理论支撑。

系统论的第三个要点是系统的边界和环境。系统论认为，系统与其环境之间存在着密切的相互作用和影响关系。系统的边界是系统与环境之间的界限，通过边界，系统与环境之间进行能量、物质和信息的交换和传递。系统与环境之间的相互作用使得系统能够适应和响应外部环境的变化，保持自身的稳定性和持续性。系统的边界不仅限定了系统的范围和结构，还决定了系统与环境之间的关系和互动方式。系统的环境包括了外部的自然环境和社会环境，它们对系统的发展和演化具有重要影响。在系统论的视角下，系统和环境是一个相互依存、相互影响的整体，只有系统与环境之间能够实现良好的协调和互动，系统才能够保持稳定和健康的发展。因此，系统的边界和环境是系统论研究的重要内容，它们为理解系统与环境之间的关系提供了重要的理论基础，为系统的管理和控制提供了科学的方法和手段。

系统论的第四个要点是系统的结构与功能。系统论认为，系统的结构是指系统内部各个组成部分之间的相互联系和相互作用方式，而功能则是指系统实现其目标和任务所具备的能力和特征。系统的结构与功能密切相关，结构决定了系统的功能，功能又反过来影响了系统的结构。系统的结构包括系统内部的各种组成部分以及它们之间的相互关系和联系方式，例如系统的层次结构、组织结构、功能结构等。系统的功能则体现了系统实现其目标和任务的能力和特征，包括系统的输入、输出、反馈、控制等方面。系统的结构和功能是系统论研究的重要内容，它们揭示了系统内部各个组成部分之间的关系和作用机制，为系统的设计、分析和优化提供了重要的理论基础。在系统设计和管理中，需要充分考虑系统的结构和功能，通过优化系统的结构和功能，提高系统的性能和效率，实现系统的良性发展和持续改进。因此，系统的结构与功能是系统论研究的重要内容之一，它们为理解系统的运行机制和规律提供了重要的理论依据，为系统的设计和管理提供了科学的方法和手段。

系统论的第五个要点是系统的稳定性与变化。系统论强调系统内部各个组成部分之间的相互作用和相互影响，这种相互作用和影响使得系统呈现出一种动态，即系统的稳定性和变化性。系统的稳定性是指系统在一定条件下能够保持自身的结构和功能不发生明显变化的能力，即系统的稳定状态。而系统的变化性则是指系统在外部环境变化或内部条件变化的作用下，内部各个组成部分之间的相互作用和相互影响会发生变化，从而导致系统整体状态发生变化的能力，即系统的动态变化过程。系统的稳定性与变化性是系统论研究的重要内容之一，它们反映了系统内部各个组成部分之间的相互关系和作用机制，揭示了系统的发展和演化规律。在系统设计和管理中，需要充分考虑系统的稳定性和变化性，通过优化系统的结构和功能，提高系统的稳定性，同时灵活调整系统的结构和功能，以适应外部环境的变化，保持系统的动态适应性和发展潜力，实现系统的良性发展和持续改进。因此，系统的稳定性与变化性是系统论研究的重要内容之一，它们为理解系统的发展规律和演化机制提供了重要的理论基础，为系统的设计和管理提供了科学的方法和手段。

二、“场域－惯习”论

“场域－惯习”论是由法国社会学家皮埃尔·布迪厄提出的概念，用于分析社会行为的理论框架。在皮埃尔·布迪厄的社会学理论中，“场域”是一个核心概念，其内涵丰富，涵盖社会生活中的各种活动和关系。场域并不仅仅是指一个具体的地理空间，更多的是一个具有一定规则和内部结构的社会领域。在一个场域内部，个体或群体之间相互作用，争夺资源、地位和权力，形成了一种特定的社会秩序。在经济、政治、文化等各个领域中都存在着不同的场域，它们之间相互交织、相互影响，共同构成了社会的多元结构。场域的内部结构是由各种力量构成的，包括权力、地位、资源等。这些力量之间存在着相互竞争、合作和争斗，共同决定了场域的运行和发展。不同的场域有着不同的规则和权力结构，它们对个体的行为和选择产生着深远影响。例如，在政治领域中，政府、政党、民间团体等不同的力量争夺着政治权力和资源；而在经济领域中，则是各个企业、市场机构等力量之间展开竞争和合作。同时，场域也受到外部环境和其他场域的影响。一个场域的发展和变化往往受到社会、经济、文化等多种因素的影响，而且不同场域之间存在着相互联系和相互作用。例如，经济领域的发展会影响政治和文化领域，而政治领域的政策和法律也会对经济和文化产生影响。因此，场域作为一个分析社会现象的框架，为我们理解社会生活提供了一个重要视角。它帮助我们揭示了社会结构的复杂性和多样性，深化了对社会关系和社会变迁的理解。同时，它也为社会实践和政策制定提供了重要参考，有助于更好地应对社会变化和解决社会问题。

在“场域－惯习”论中，惯习是指在特定的社会场域内形成的一种习惯性的行为模式或规范。它们是在长期的社会实践中逐渐形成的，具有一定的稳定性和持久性。惯习不仅仅是一种个体行为，更是一种社会规范和文化传统，对于维护社会秩序、规范社会行为具有重要作用。惯习在社会生活中扮演着规范和引导作用。在一个特定的社会场域内，人们会根据惯习来规范自己的行为，遵循一定的社会规范和行为准则。这种规范性的惯习使得社会生活更加有序和稳定，有助于维护社会的正常运行。在特定的社会场域中，人们的惯习往往反映了他们的社会身份、文化背景和社会地位。通过遵循惯习，人们不仅可以获得他人的认可和尊重，还可以加强自己与社会的联系和归属感。惯习也是社会变迁和发展的重要因素之一。随着社会的变化和发展，原有的惯习可能会受到挑战和改变，新的惯习可能会逐渐形成。这种惯习的变迁不仅受到社会结构和制度的影响，还受到技术、经济、文化等多种因素的影响，是社会变迁的重要动力之一。惯习也具有一定的惯性和保守性。一些惯习可能在社会发展的过程中逐渐淡化或者被取代，但也有一些惯习会长期存在并对社会生活产生持续的影响。因此，了解和分析惯习对于理解社会现象和社会变迁具有重要意义，有助于我们更好地认识和应对社会变化的挑战。

在“场域－惯习”论中，惯习作为社会行为的重要组成部分，具有深远的影响和多重的内涵。进一步丰富这一点，可以从以下几个方面展开。第一，社会认同和身份认同的塑造：惯习不仅仅是一种行为方式，更是社会认同和身份认同的表现。在特定的社会场域中，人们通过遵循惯习来表达自己的归属感和认同感。例如，在传统的家庭场域中，孝顺父母、尊重长辈等惯习不仅是道德准则，更是家庭成员之间相互尊重、关爱的表现，有助于形成家庭的凝聚力和稳定性。第二，社会秩序和社会稳定的维护：惯习在社会生活中扮演着规范和引导作用，有助于维护社会秩序和社会稳定。通过遵循惯习，人们能够在社会交往中保持一定的礼貌和规范，避免冲突和摩擦的发生，有利于社会的和谐发展。第三，文化传承和社会发展：惯习是文化传承的重要载体，承载着民族和地域的文化传统和精神价值观。通过代代相传的惯习，人们能够感受到历史的延续和文化的传承，增强文化认同感和归属感。同时，随着社会的变迁和发展，惯习也在不断演变和更新，为社会发展提供了重要的文化动力。第四，社会变革和革新的推动力量：尽管惯习具有一定的保守性和惯性，但也不乏新的惯习和行为模式不断涌现，推动着社会的变革和革新。特别是在当代社会，随着科技、经济、文化等的快速发展，人们的生活方式和行为习惯也在不断调整和更新，为社会变革提供了新的动力和可能性。

惯习的变革源于社会的需求和动态。随着时代的发展和社会结构的变化，人们的生活方式、价值观念以及行为习惯都会发生变化。一些传统的惯习可能难以适应新的社会环境和需求，因此需要进行调整和改变。新的科技和文化的涌现也在不断地推动着惯习的变革和革新。随着信息技术和互联网的普及，人们的生活方式和社交模式发生了巨大的变化，传统的惯习被重新定义和重塑。例如，线上购物、远程办公等新的行为习惯正在逐渐成为人们生活的一部分，推动着社会的发展和变革。社会的发展也需要适应新的时代要求和挑战，这就需要人们不断地调整和改变原有的惯习和行为模式。例如，在环境保护和可持续发展方面，人们逐渐形成了新的生活方式和消费习惯，以应对气候变化和资源紧缺等全球性挑战。这些新的惯习和行为模式的形成，为社会的可持续发展提供了重要的动力和支持。

惯习的传承是社会稳定和持续发展的重要保障。随着时间的推移，一些长期形成和积累的惯习成为社会的一部分，并且通过代际传承的方式得到了延续。这些惯习包含了丰富的文化内涵和社会意义，是社会生活的基础和支柱，对于维系社会秩序和凝聚社会共识起到了重要作用。惯习的变迁是社会发展和进步的必然要求。随着社会结构和文化环境的变化，一些传统的惯习可能会逐渐失去其原有的功能和意义，甚至产生一些不利于社会发展的负面影响。因此，社会需要不断地调整和更新惯习，以适应新的时代要求和社会发展的需要。

第三章 中华优秀传统家风家教文化传承创新的现实审视

中华优秀传统家风家教文化传承创新的现实审视需要结合当前社会环境、家庭结构变化、教育模式等方面进行全面分析。现代社会，传统家风家教文化面临信息化和全球化的挑战，挑战中同时也蕴含着巨大的潜力和机会。现代社会的快速变迁对传统家风家教文化提出了新的要求，城市化进程加快，使得家庭成员之间的互动模式发生了显著变化。这种变化在一定程度上削弱了传统家风家教文化的传承。与此同时，现代社会对个体发展的全面性和多样性提出了更高的要求，家庭教育需要适应这种变化，注重孩子的全面发展，包括对其进行智力、情感、社会性和创造力等方面的培养。互联网和新媒体的普及，使得家庭教育的资源和方式更加丰富，但同时也带来了信息泛滥、价值观冲突等问题。家长在引导孩子正确使用网络资源、培养孩子的信息素养方面面临新的考验。因此，家风家教文化需要与时俱进，利用现代技术手段，丰富教育内容和形式，增强教育效果。随着社会各界对家庭教育的重视程度日益提高，相关政策和制度的支持力度不断加大。国家在立法、政策制定、教育资源配置等方面的努力，为家风家教文化的传承创新提供了有力保障。例如，家庭教育促进了相关法律的出台，明确了家庭教育的责任主体和具体要求，推动了家庭教育规范化、科学化发展。这为家风家教文化的传承创新创造了良好的社会环境和制度保障。传承创新中华优秀传统家风家教文化是关乎社会稳定与发展的根本性问题。这一文化传统不仅是中华民族几千年来的历史积淀，也是一种精神财富，承载着道德伦理、家庭伦常、社会和谐等多重价值。传承这一文化有助于培养后代的品德和修养，使其形成正确的人生观、价值观，增强社会凝聚力和文化认同感。同时，创新传统文化也是必要的，它能使传统文化与时代相契合，保持其生机与活力，更好地适应当今社会的发展需求。总的来说，中华优秀传统家风家教文化在现实中既面临挑战，也蕴含着机遇。通过现代科技手段的应用、多元文化的融合、政策制度的支持，家风家教文化在传承中不断创新，既保留了传统的核心价值观，又适应了时代的发展需求。家风家教文化的传承创新，不仅有助于家庭成员的健康成长，也对社会的和谐稳定和国家的发展进步具有重要意义。

第一节　家风家教思想政治教育功能的弱化

家风家教作为传统文化的重要组成部分，一直以来在思想政治教育中发挥着重要作用。然而，随着现代社会的发展，家风家教的思想政治教育功能逐渐弱化。这是多方面因素共同作用的结果。首先，社会结构的变化和城市化进程的加快，使得家庭成员之间的互动和沟通时间减少，传统家风家教的传承受到影响。其次，现代教育体系更多关注学术成绩和技能培养，忽视了品德教育和思想政治教育的作用，家庭在这方面的功能被弱化。再次，信息技术的发展和媒体的多样化，使得青少年接触到各种不同的价值观和思想，传统家风家教的影响力被稀释。最后，家长自身对思想政治教育的重要性认识不足，导致家庭教育的思想政治功能难以有效发挥。综合来看，家风家教的思想政治教育功能弱化，反映了家庭、学校和社会多重因素的共同作用，需要全社会共同努力，重新认识和强化家庭在思想政治教育中的重要作用。

一、家风家教教育的缺失

家庭教育观念的淡化是导致家风家教教育缺失的首要因素，现代社会的发展和生活节奏的加快，使得家庭教育面临诸多挑战。许多家长因工作繁忙，无暇顾及孩子的思想品德教育，难以抽出足够的时间和精力与孩子进行有效的交流和互动。更有甚者，有些家长将孩子的教育责任完全推给学校和补习班，忽视了家庭在培养孩子品德和行为规范方面的重要作用。在传统社会中，家风家教一直是家庭教育的重要组成部分，父母以身作则，通过言传身教向孩子传递正确的价值观和行为准则。然而，在当今社会，部分家长对家庭教育的认识发生了偏差，他们过分重视孩子的学业成绩和未来的职业发展，却忽视了品德教育和人格培养。这种重智轻德的教育观念，导致孩子在成长过程中缺乏应有的道德指引和精神引领。现代家庭结构的变化也对家庭教育观念的淡化产生了影响。随着城市化进程的加快，越来越多的家庭从传统的大家庭结构转变为核心家庭或单亲家庭。这种家庭结构的变化，使得长辈的角色逐渐弱化，家庭成员之间的交流和互动减少，传统的家风家教传承机制受到冲击。单亲家庭和双职工家庭中的父母因缺乏足够的时间和精力，更难以进行系统而有效的家庭教育，孩子们在思想品德方面的教育更容易出现缺失。

家庭教育观念淡化还与社会价值观的多元化密切相关。随着全球化和信息化的深入，家庭成员特别是青少年接触到各种不同的文化，这些外部因素对家庭教育观念产生了深远影响。一些家长在面对多元化的社会环境时感到无所适从，他们在教育理念上感到迷茫，无法为孩子提供明确的价值导向。为了应对家庭教育观念淡化的问题，需要社会各界共同努力。一方面，家长需要增强家庭教育的意识，重视思想品德教育的重要性，积极参与孩子的成长过程，做到言传身教、以身作则；另一方面，政府和社会各界应加强家庭教育的宣传和指导，通过举办讲座、培训班等多种形式，提升家长的教育水平和能力。此外，学校也应发挥积极作用，与家庭密切配合，共同构建良好的教育环境，形成教育合力，帮助孩子健康成长。只有这样，才能有效解决家庭教育观念淡化的问题，重建家风家教教育的良好氛围。

父母教育能力的不足是导致家风家教教育缺失的另一关键因素。在现代社会中，尽管许多家长对孩子的成长和教育非常重视，但他们往往缺乏系统的教育知识和方法，无法科学有效地进行家庭教育。这导致他们在面对孩子成长中的问题时，往往只能依靠直觉和经验进行处理，而这些经验未必适用于每个孩子的个性和具体情况。尤其是在孩子出现学习困难、行为偏差或情绪问题时，家长常常手足无措，不能有效地帮助孩子克服困难。由于缺乏科学的教育理念，部分家长在教育过程中采取极端方式，要么过于严厉，要么过于放任。过于严厉的教育方式容易导致孩子产生逆反心理，损害亲子关系；而过于放任的教育方式则可能使孩子缺乏自律和责任感，影响其健康成长。如何在严格与宽松之间找到平衡，是许多家长面临的难题。为了解决父母教育能力不足的问题，需要从多个方面入手。一方面，政府和社会应该加强对家庭教育的宣传和培训，通过社区教育、家庭教育指导中心等途径，提供系统的家庭教育培训，提高家长的教育水平；另一方面，学校应加强与家长的沟通合作，定期举办家长会、家庭教育讲座等活动，帮助家长了解和掌握科学的教育方法。此外，家长自身也应重视学习和自我提升，通过阅读、参加培训班等方式，不断丰富自己的教育知识，提高教育能力。通过综合多方努力，可以有效提升父母的教育能力，弥补家风家教教育的不足，促进孩子的全面发展和健康成长。

家庭教育中的又一缺失是家长对孩子心理发展的认识不足。在孩子的成长过程中，他们面临着各种各样的心理变化和挑战，而家长对这些心理变化的认知往往不够深刻。这种认知不足表现在几个方面。第一，家长可能缺乏对孩子不同年龄阶段心理特点的了解。孩子的心理发展是一个渐进的过程，不同年龄段的孩子有着不同的心理特点和需求。比如，幼儿期的孩子主要以自我为中心，关注自己的需求和感受；而青少年期的孩子则更加关注自己与社会的关系，对自我认知和自我表达有更高的要求。家长如果缺乏对这些特点的了解，就很难有效地与孩子沟通和交流，无法给予孩子正确的引导和支持。第二，家长可能对孩子心理问题的认知有所欠缺。孩子在成长过程中可能会遇到各种心理问题，比如自尊心受挫、情绪波动、人际关系问题等。如果家长对这些问题缺乏认知，就很难及时发现并给予孩子正确的帮助。有些家长甚至会忽视孩子的心理问题，认为这只是孩子的一时情绪波动，而不是一个需要认真对待的问题，这可能会给孩子的心理健康造成不良影响。第三，家长也可能缺乏对孩子个性发展的认知。每个孩子都是独一无二的，有着自己的个性特点和发展轨迹。一些家长可能会将孩子与他人进行比较，期望孩子能够符合某种标准或期望，而忽视了孩子自身的个性发展需求。缺乏对孩子个性的认知，可能会给孩子造成心理压力和困扰，影响其健康成长。

另一个导致家庭教育缺失的因素是现代社会的快节奏生活和家庭结构的变化。随着经济的发展和社会的进步，现代家庭面临着诸多挑战和压力，这些因素可能影响到家长对家庭教育的关注和投入。现代社会的快节奏生活给家庭教育带来了诸多困难。许多家长在工作和生活的压力下，时间紧张，精力有限，往往无法抽出足够的时间和精力去关注孩子的成长和教育。他们可能会选择将孩子交给学校或其他机构进行教育，而自己在孩子教育方面的参与度降低，导致了家庭教育的缺失。家庭结构的变化也对家庭教育产生了影响。随着城市化进程的加快和家庭观念的变化，传统的大家庭结构逐渐被核心家庭或单亲家庭所取代。在这种家庭结构下，孩子可能缺少父母或其他长辈的陪伴和关爱，导致家庭教育的缺失。而且，在单亲家庭中，单亲父母往往需要兼顾工作和家庭责任，难以给予孩子足够的关爱和教育，这也会影响到家庭教育的质量。社会的竞争压力也使得家长对孩子的期望过高，忽视了对孩子全面发展的关注。在现代社会，教育被赋予了越来越高的期望值，家长往往希望通过教育让孩子取得更好的成绩和更高的社会地位。因此，他们可能会过分强调学业成绩，而忽视了孩子的兴趣爱好和身心健康的培养，导致了家庭教育的单一化和片面化。为了解决家庭教育的缺失问题，首先需要加强家庭教育的宣传和引导，提高家长对家庭教育重要性的认识。政府和社会组织可以通过开展各种形式的家庭教育宣传活动，向家长传递正确的教育理念和方法，引导他们注重家庭教育，重视孩子的成长和发展。同时，也需要加强对家长的支持和帮助，提供家庭教育指导和咨询服务，帮助家长解决教育中遇到的问题，提高他们的教育水平和能力。

随着信息技术的迅速发展，互联网、智能手机等现代科技产品已经深入人们的生活中，改变了人们的生活方式和教育方式。虽然现代科技为教育提供了更多的资源和工具，但同时也给家庭教育带来了挑战和困扰。互联网的普及给孩子带来了更多的信息和诱惑。在互联网时代，孩子们可以轻易地接触到各种各样的信息和内容，其中既有正面的教育资源，也有负面的不良信息。一些不良信息可能会对孩子的心理健康和道德观念产生负面影响，导致其行为和价值取向的扭曲，而家长往往难以有效监管和引导孩子在互联网上的行为。智能手机等移动设备的普及使得家庭成员之间的沟通和交流受到了影响。在现代家庭中，许多家庭成员都沉迷于手机等移动设备上的应用程序和社交网络，而忽视了与家人之间的面对面交流和沟通。长时间使用手机可能会导致家庭成员之间的交流减少，亲密关系减弱，甚至出现沟通障碍，影响到家庭教育的开展。在互联网时代，孩子们更倾向于通过搜索引擎和在线课程等方式获取知识，而不再依赖传统的教科书和教师讲解。虽然这种方式为孩子提供了更多的学习资源和选择，但同时也可能导致其学习方法的不科学和不系统，影响到学习效果和学业成绩的提高，从而影响到家庭教育的质量。

二、传统家风家教的淡忘

社会转型与价值观念变迁是导致传统家风家教被淡忘的主要原因之一。随着社会经济的快速发展和现代化进程的加速推进，人们的生活方式、社会结构和价值取向都发生了巨大的变化。在传统社会里，家庭是社会的基本单位，家风家教承载了重要的道德规范和社会价值观，被视为培养后代的重要途径。然而，随着现代社会的到来，人们对于家庭、社会和个人的认知方式发生了深刻的变化。社会经济的发展带来了物质生活水平的提高，人们更加关注物质享受和个人利益，而非传统的家庭责任和道德规范。在传统社会中，家庭教育的重要任务是培养孩子良好的道德品质和社会责任感，但随着物质主义思潮的兴起，这些价值观逐渐被功利主义所取代，家庭教育的重要性逐渐被淡化。社会的多元化和信息化也影响了家庭教育的传承。现代社会信息传播迅速，社交媒体、网络技术等新兴媒介使得人们接触到的信息更加丰富多样，但也带来了许多新的价值观念和行为方式。传统的家庭教育往往基于长辈的言传身教和家风的传承，但在信息化的时代，家庭教育受到了来自外部世界更多的冲击和影响，导致了传统家风家教的淡忘。同时，随着女性地位的提升和家庭功能的多元化，家庭教育的责任也由传统的父母承担转移到了更广泛的社会教育体系中，导致了家庭教育的传统功能逐渐减弱。要想重振传统家风家教文化，需要在全社会范围内共同努力，加强家庭教育的传承和创新。

随着社会的变迁，教育制度也在不断地调整和改革。在封建社会，教育主要由家庭和私塾承担，家庭是孩子的第一课堂，父母或长辈通过言传身教的方式将价值观念和道德规范传承给下一代。然而，随着现代教育的普及和国家教育体系的建立，学校教育逐渐取代了家庭教育的部分功能。在现代教育体系下，学校教育更加注重知识的传授和学科的学习，而传统的道德教育和品德培养逐渐被边缘化。学校教育强调的是普遍的知识体系和技能培养，而家庭教育则更多地关注个体的品德修养和社会责任感。然而，随着学校教育的影响力不断扩大，家庭教育的地位逐渐削弱，很多家庭对于传统家风家教的重视程度也在减弱。教育体制的改革也导致了教育资源的不均衡分配，一些地区和家庭无法获得良好的教育资源，从而影响了家庭教育的质量和效果。在教育资源匮乏的地区，家庭往往成为孩子主要的受教育来源，但家长的教育水平和教育观念可能存在差异，导致了家庭教育的不足和不规范。教育制度变革对传统家风家教的影响主要体现在教育功能的转移和教育资源的不均衡分配上。要想重振传统家风家教，需要在教育体制改革中更加注重家庭教育的地位和作用，加强家校合作，建立起完善的教育体系，为家庭教育提供更多的支持和保障。

三、家风家教文化不继

家庭结构的变化是导致家风家教文化不继的一个重要因素。在传统社会中，家庭往往以大家庭为单位，祖孙三代同堂，家族观念浓厚，家庭成员之间形成了紧密的联系和互动。在这样的家庭结构中，长辈们可以通过言传身教来传承家族的价值观念和传统文化。然而，随着现代社会的发展，大家庭逐渐被核心家庭或者单亲家庭所取代，家庭结构变得更加小型化和简单化。在核心家庭中，父母往往需要全职工作，没有太多的时间和精力来关注子女的教育和成长。而在单亲家庭中，家庭教育的责任更加重大，但单亲家庭往往面临经济和心理上的双重压力，导致家长难以兼顾工作和家庭教育。因此，家庭结构的变化使得家庭成员之间的关系变得疏远，家风家教文化的传承也因此受到了影响。

家庭观念的转变也是导致家风家教文化不继的重要因素之一。在传统社会中，家庭被视为社会的基本单位，家庭责任观念深入人心，家长们认为自己有责任对子女进行全面的教育和照顾。因此，他们会将大量时间和精力投入到家庭教育中，注重培养子女的品德修养和道德观念。然而，随着社会经济的发展和现代化进程的加快，家庭观念逐渐发生了转变。人们开始更加重视个人的发展和成就，家庭责任观念逐渐淡化，家长们对子女的教育投入也逐渐减少。在现代社会中，家庭教育往往被看作是一种额外的负担，家长们更加关注子女的学业成绩和职业发展，而忽视了道德品质和人格塑造的重要性。这种转变导致了家风家教文化的弱化和不继，使得家庭教育的功能受到了严重的削弱。

家庭功能的多元化也是导致家风家教文化不继的重要原因之一。传统上，家庭主要承担着经济支持、教育培养、情感交流等功能。然而，在现代社会，随着社会分工和专业化程度的提高，许多家庭功能逐渐被其他社会机构所取代或者分担。例如，学校扮演了教育者的重要角色，社会组织和社区承担了组织丰富多彩的文化活动和娱乐活动的职责，而政府则提供了更广泛的社会保障和公共服务。这些机构的兴起和发展，使得家庭不再是人们唯一的经济、文化和情感支持来源，也降低了家庭教育在社会功能体系中的地位和作用。此外，随着现代化进程的不断推进，家庭的功能也变得更加多元化和复杂化，家庭成员的关注点也更加分散，导致家庭教育的传统文化逐渐被边缘化或忽视。因此，家庭功能的多元化也是导致家风家教文化不继的一个重要原因，需要采取措施加以解决，以促进家庭教育传统文化的传承和发展。

在现代社会中，价值观的多元化与个体化现象显著，深刻影响着家风家教文化的传承和发展。随着全球化进程的推进、信息技术的飞速发展，以及社会经济的不断变迁，人们的价值观念变得更加多样和个性化，这一趋势对传统家风家教文化产生了深远的影响。首先，价值观多元化带来的冲击是显而易见的。在传统社会，家庭是价值观念传承的重要场所，家风家教文化以家庭为核心，通过代际传递，将忠诚、孝顺、仁爱等核心价值观念传递给下一代。然而，现代社会的信息渠道多元，尤其是互联网和新媒体的发展，使得人们接触到各种不同的文化和价值观。孩子们在成长过程中，不仅受到家庭的影响，还会接触到来自学校、同龄人、媒体等多方面的信息，这些信息中包含了各种不同的价值观念。传统家风家教文化所倡导的价值观念在多元化的信息环境中，往往面临被弱化甚至被取代的风险。其次，个体化趋势使得传统家风家教文化的传承更加困难。在现代社会，个人主义思想逐渐兴起，人们更加注重个人的自由、独立和自我实现。家庭成员之间的关系也因此发生变化，代际之间的权威和依赖关系减弱。孩子们在成长过程中，更多地追求自我的价值和个性的发展，而不是完全遵循传统的家庭价值观念。这种个体化的趋势，使得家风家教文化在传承过程中面临着更多的挑战和阻力。最后，家庭结构的变化也加剧了价值观多元化和个体化对家风家教文化的影响。现代社会的家庭结构日益多样化，单亲家庭、双职工家庭、隔代教育等现象普遍存在。这些家庭结构的变化，导致家庭成员之间互动和沟通的时间减少，家庭教育的环境发生变化。传统的家风家教文化需要在这样的家庭环境中进行调整和适应，但往往难以有效传承。

在家风家教文化的传承与创新过程中，社会支持与指导不足是一个重要的制约因素。社会作为家庭教育的外部环境，对家风家教文化的形成和发展起着至关重要的作用。然而，在当前社会环境中，社会支持与指导的缺失导致了家风家教文化传承的诸多困境，尽管近年来国家和地方政府对家庭教育的重视程度有所提高，但在政策层面上的支持仍显不足。一些家庭教育政策缺乏系统性和连续性，未能形成长效机制。例如，在家风家教文化的具体推广和实施上，缺乏明确的政策指导和资源投入，导致家庭教育活动难以持续开展。政策支持的缺乏使得家庭在家风家教文化传承过程中缺乏必要的引导和保障，难以有效发挥家庭教育的作用。目前，许多家庭在家风家教文化传承中面临困惑和挑战，亟须专业的指导和帮助。然而，社会上提供的家庭教育指导服务明显不足，专业化、系统化的家庭教育指导机构和服务平台相对缺乏。很多家长在家庭教育过程中缺乏科学的教育方法和有效的教育技巧，难以胜任家庭教育的职责。家庭教育指导服务的不足，使得家风家教文化的传承和创新难以实现。此外，社会宣传和教育力度不够，使得许多家庭对家风家教文化的认识不足，重视程度不够。媒体和社会舆论在家庭教育方面的宣传和引导作用未能充分发挥，传统家风家教文化的优秀内涵未能得到广泛传播和弘扬。

四、家风家教教育社会氛围淡化

社会价值观念的多元化对家风家教教育社会氛围的淡化产生了深远影响。随着时代的变迁和社会的发展，人们的观念和价值取向日益多样化，传统的家庭教育观念和方式可能面临挑战和质疑。在传统的家庭观念中，父母往往扮演着权威和引导者的角色，他们对子女的教育和成长有着明确的期望和要求。然而，随着社会的开放和信息的传播，人们开始更加注重个体的自由和个性发展，对权威和规范的接受程度下降，这导致了传统的家庭教育方式逐渐失去了一部分影响力。随着社会经济的发展和人们生活水平的提高，家庭教育所面临的挑战也在不断增加。现代社会的竞争压力巨大，人们往往忙于工作和事业发展，家庭成员之间缺乏沟通和交流的时间。在这样的背景下，家庭教育的传统观念和方式可能会受到一定程度的忽视和淡化。父母往往更加关注子女的学业成绩和未来的出路，而忽视了家庭教育在塑造子女品德和人格方面的重要性。

现代社会中，家庭成员往往分散在不同的地区，家庭关系变得越来越疏远，父母和子女之间的交流和沟通也受到了一定的限制。同时，随着城市化进程的推进，人们的生活节奏加快、工作压力增大，导致了对家庭教育的忽视。在这样的背景下，传统的家庭教育观念和方式可能会逐渐被边缘化，家庭成员之间的交流和互动也会变得越来越少。互联网和社交媒体的普及使得信息传播更加便捷和快速，但同时也带来了信息过载和信息泛滥的问题。在这样的情况下，家庭成员往往更加关注外部信息的获取和消费，而忽视了家庭教育的重要性。

人们的生活方式、观念和价值取向也发生了巨大的变化。传统的家庭教育所强调的道德规范和行为准则可能会与现代社会的多元化价值观念产生冲突，导致家庭教育的传统观念受到挑战。在现代社会中，个人主义和自由主义的思潮逐渐盛行，人们更加注重个体的自由和独立，而传统的家庭教育往往强调的是集体的利益和家族的荣誉。随着社会的多元化和文化交流的增加，人们的生活方式和价值观念也变得越来越多样化，家庭教育的传统模式可能无法满足不同家庭成员的需求。同时，现代社会中的媒体影响也对家庭教育产生了深远影响。电视、网络和社交媒体等新媒体的普及使得信息传播更加广泛和快速，但同时也带来了一系列负面影响。媒体中不良信息的泛滥和传播可能会对家庭教育产生负面影响，影响家庭成员的价值观念和行为准则。

现代生活节奏的加快，显著影响了家庭成员之间的互动和沟通时间，这一现象在当代社会中尤为突出。首先，随着经济的发展和社会竞争的加剧，许多家长不得不花费大量时间和精力在工作上，以确保家庭的经济稳定和生活水平的提高。然而，繁忙的工作使得家长在家庭中的陪伴时间大大减少，孩子们与父母在一起的时间也随之缩短。父母下班回家时往往已经筋疲力尽，无力进行有效的亲子互动，这使得家庭教育的机会大大减少。其次，孩子们的学习压力也在不断增加。面对激烈的教育竞争，许多孩子不仅要在学校完成大量的作业，还要参加各种课外补习班和兴趣班。这种高强度的学习安排占用了孩子们的大部分时间，使得他们与父母之间的交流变得更加稀少。在这样的环境下，家庭教育的实施变得更加困难，家长难以有足够的时间和精力去关心和引导孩子的成长和发展。最后，科技的发展使得家庭成员之间的互动方式发生了变化。智能手机、平板电脑、电视等电子设备在现代家庭中普及，使得家庭成员之间的面对面交流减少，取而代之的是各自沉浸在自己的电子设备中。许多家庭的晚餐时光不再是全家人共同分享和交流的时刻，而是各自盯着手机屏幕，缺乏沟通和互动。这种状况不仅削弱了家庭教育的效果，还导致家庭成员之间的感情逐渐疏远。目前越来越多的家庭搬迁到城市生活，远离了传统的社区和家族网络。城市生活的快节奏和陌生化，使得家庭成员之间的互动更加依赖于计划和安排，亲情和传统的家风家教在这样疏离的环境中变得更加难以传承。农村和小城市中的传统家庭教育方式在大城市的快节奏生活中显得格格不入，这也导致了家风家教文化的淡化和丧失。

在当今社会，媒介环境的快速变化对家风家教教育产生了深远的影响。这一影响主要体现在信息传播的方式、内容的丰富性以及家长和孩子对媒介的依赖程度等方面。首先，传统媒介与新媒体的融合，带来了信息传播方式的多样化。过去，家庭教育主要依靠家长的口传心授，或通过书籍和报纸等传统媒介进行辅导。然而，随着互联网和移动设备的普及，信息获取变得更加便捷和快速。家长和孩子可以通过网络视频、在线课程、社交媒体等多种途径获取教育资源。这种信息传播方式的变化，使得家风家教的内容更加丰富多样，但也增加了选择的难度。其次，媒介内容的丰富性和多元化，对家风家教教育提出了新的挑战。在互联网时代，各种信息充斥在家庭生活的各个角落，孩子们不仅可以接触到有益的教育资源，还会被各种娱乐性、商业性的信息所吸引。部分网络内容价值观不明、导向不正，可能对孩子的思想和行为产生不良影响。家长在面对海量信息时，需要具备较高的媒介素养，能够甄别和筛选有价值的信息，引导孩子正确使用网络资源，树立正确的价值观和道德观。最后，媒介环境的变化也对家长的教育观念和方法提出了新的要求。在信息爆炸的时代，家长不仅要关注孩子的学业成绩，还要注重他们的媒介素养培养。家长应帮助孩子树立正确的媒介观念，教会他们如何有效利用网络资源，避免网络沉迷和信息污染。同时，家长也应不断提升自己的媒介素养，了解新媒体的发展趋势和特点，掌握科学的家庭教育方法，与时俱进，跟上时代的步伐。

五、家风家教教育功能蜕变为智力开发

当家庭教育功能过度强调智力开发时，会引发一系列价值取向失衡的问题。传统的家风家教文化强调品德修养、道德规范等方面的培养，着重塑造孩子们的人格和品质，使其具备正确的价值观念和道德观念。然而，当家庭教育转变为单纯追求智力开发时，往往会忽视品德的培养，导致孩子们缺乏正确的价值观念，只注重学习成绩，而忽视了道德品质的培养。这种价值取向的失衡可能会使得孩子们在成长过程中，过于追求外在的成功和成就，而忽视了内在的品质和道德素养，导致他们缺乏对于正确价值观的认同和遵循。

此外，过度追求智力开发可能会使家庭教育变得功利化，家长们可能会过分关注孩子们的学习成绩，而忽视了他们的身心健康和全面发展。这种功利化的家庭教育氛围可能会给孩子们带来巨大的学习压力，使他们长时间处于焦虑和紧张的状态中，对于他们的身心健康产生负面影响。因此，当家风家教教育过度追求智力开发时，容易引发价值取向失衡的问题，使得孩子们在成长过程中缺乏正确的价值观念和道德品质，而且过度功利化的家庭教育氛围也会给他们带来不利影响。

当家庭教育功能过度强调智力开发时，可能会导致孩子们的整体发展不均衡。传统的家风家教注重的是孩子的全面发展，包括智力、品德、身心健康等各个方面的培养。然而，当家庭教育过度强调智力开发时，往往会使其他方面的培养被忽视，导致孩子们的整体发展不够均衡。此外，过度强调智力开发可能会使孩子们缺乏社交能力和人际交往能力，因为他们可能会过于关注学习，而忽视了与同龄人的交流和互动，使他们在社交方面缺乏实践经验和技能。这种整体发展不均衡可能会影响孩子们的未来发展，使他们在成长过程中缺乏综合素养和综合能力，影响他们的社会适应能力和竞争力。因此，当家风家教教育功能过度强调智力开发时，容易导致孩子们整体发展的不均衡，影响他们的未来发展和成长。

过度强调智力开发也可能导致孩子们缺乏综合素养的培养。家庭教育应当注重培养孩子们多方面的能力，包括情感智慧、社交技能、创造力等，而不仅仅是学习成绩。他们可能会缺乏社交技能和情感智慧，不懂得如何处理人际关系和情感问题，从而影响了他们的社会适应能力和生活质量。此外，过度强调智力开发也容易使孩子们缺乏创造力和创新能力，因为过重的学习压力和死记硬背的学习方式往往会抑制他们的创造力和想象力，使他们缺乏探索和发现新事物的兴趣。家风家教教育功能蜕变为智力开发的缺陷还表现在对孩子们心理健康的忽视上。过度注重智力开发往往会忽视孩子们的心理健康，造成一系列心理问题和行为问题。首先，过度的学习压力和竞争导致的焦虑和抑郁问题可能会给孩子们的心理健康造成严重影响。孩子们为了追求好成绩，可能会承受来自家庭、学校和社会的巨大压力，长时间处于紧张和焦虑的状态下，导致心理健康问题的发生。其次，过度的智力开发可能会导致孩子们缺乏自信心和自尊心。在家长过分强调成绩和智力的情况下，孩子们可能会过分关注自己的缺点和不足，产生自卑感和自我怀疑，影响他们自信心和自尊心的建立。最后，过度的智力开发可能会导致孩子们缺乏社交技能和人际交往能力。在家庭教育中，如果过分强调学习成绩和智力开发，往往会忽视对孩子们的社交能力和人际交往技巧的培养，使他们在与他人的交往中显得笨拙和不自信，影响他们的人际关系和社交圈子的建立。综上所述，家风家教教育功能蜕变为智力开发存在着严重的缺陷，容易给孩子们的心理健康造成伤害，影响他们的全面发展和健康成长。

第二节　中华优秀传统家风家教文化传承创新弱化的后果

中华优秀传统家风家教文化传承创新弱化可能带来多方面的后果。首先，这可能导致家庭教育功能减弱，使得家庭成员的道德观念、价值取向受到冲击，导致社会风气不正、道德沦丧。其次，传统家风家教的弱化可能导致家庭成员之间的情感关系疏远，家庭凝聚力下降，进而影响家庭的稳定与和谐。此外，家庭教育的弱化还可能影响下一代的成长发展，导致青少年的行为问题和心理问题增加，社会问题日益突出。中华优秀传统家风家教文化传承创新的弱化可能对社会产生深远的负面影响，需要引起足够的重视和关注。

一、思想政治教育体系缺环

家风家教文化在社会中扮演着传承和弘扬价值观念的重要角色。在传统家庭中，家长通过言传身教、家规家训等方式将家风家教文化传承给下一代，从而影响和塑造了家庭成员的思想观念、行为习惯以及社会价值取向。这种传统文化的传承不仅是家庭内部的事务，更会对整个社会道德风尚产生影响和引导。然而，随着社会变革和现代化进程的不断推进，传统家风家教文化在某种程度上出现了弱化的趋势。这主要表现为现代社会中，越来越多的家庭缺乏传统的家风家教文化传承，家长们忙于工作和生活，往往忽视了对子女的道德教育和人格塑造，导致了一些不良习惯和价值观念的泛滥。例如，一些孩子缺乏尊敬长辈、孝顺父母的观念，或者对社会公德、道德规范缺乏正确的认知和遵守。这种现象的出现不仅使得传统家风家教文化的传承受到挑战，也直接影响着整个社会的道德建设和社会稳定。缺乏正确的家风家教传承将使社会的道德风尚逐渐淡化，人们对于社会公德和个人责任的认识和遵守程度将下降，从而导致社会出现更多的问题和矛盾。因此，加强对传统家风家教文化的传承和创新，提升家庭教育的质量和力度，成为当前社会亟须解决的问题之一。

家风家教文化的传承和创新不仅仅是家庭内部的事务，也与社会环境、教育体系以及文化传播密切相关。然而，随着社会结构的变迁和价值观念的多元化，传统家风家教文化在现代社会中面临着一系列挑战，其弱化的后果不容忽视。首先，现代社会的快节奏生活和高压竞争环境使得家庭成员的时间和精力大部分用于工作和学习，而忽视了对家风家教的培养。家长们可能因为忙碌的工作而没有足够的时间与孩子相处并进行教育，导致家庭教育的空白和缺失。其次，信息化和新媒体的普及使得外部环境对家庭教育产生了更大的影响。许多家庭成员受到了来自电视、互联网和社交媒体等渠道的信息冲击，而这些信息未必都是符合传统家庭价值观念的。家长们可能难以筛选和引导孩子接受正确的教育，导致家风家教文化受到了外部环境的侵蚀。最后，社会价值观念的多元化也加剧了传统家风家教文化的弱化。随着社会的发展，人们对于道德观念、生活方式和人生价值的理解逐渐多样化，传统的家庭价值观念可能被视为过时或者不合时宜。这种观念的转变使得家庭成员对于传统家风家教的认同度下降，进而导致了家庭教育的弱化和缺失。要想改变传统家风家教文化传承创新的弱化问题，不仅需要家庭内部的努力和改进，还需要社会各界共同努力，加强对家庭教育的关注和支持，构建一个有利于家庭教育发展的社会环境和教育体系。这样才能确保传统家风家教文化的传承和创新能够持续发展，为社会的和谐稳定和人的全面发展作出积极贡献。

随着经济全球化和城市化进程的加速，人们的生活方式和价值观念发生了深刻的变化。传统的家庭结构和职责分工逐渐发生了转变，家庭成员的生活方式和社会角色也在不断重塑。在这样的背景下，一些传统的家庭教育模式和价值观念可能不再适应当今社会的发展需求，导致了传统家风家教文化的淡化和衰退。同时，城市化进程也带来了一系列社会问题和挑战，如家庭关系紧张、个人情感脆弱等，这些都给传统家风家教文化的传承和发展带来了阻碍。要想应对传统家风家教文化的弱化问题，需要从经济、社会、文化等多个方面入手，采取有效措施加以解决。比如，可以通过加强对家庭教育的宣传和指导，提高家长的家庭教育意识和能力；加大对家庭教育资源的投入和支持，建立健全家庭教育服务体系；加强学校与家庭、社会的沟通与合作，共同推动家庭教育的发展和完善。只有这样，才能够有效促进传统家风家教文化的传承和发展，为社会的和谐稳定和人的全面发展作出积极贡献。

文化传承的多样性和碎片化也是导致传统家风家教文化弱化的重要原因之一。随着信息技术的快速发展和互联网的普及，人们获取信息的渠道变得更加多样化和便利化。传统的家庭教育模式和文化传承方式受到了前所未有的冲击，家庭成员的价值观念和行为习惯也受到了来自多方面的影响。在这样的背景下，家庭成员可能会接受来自不同文化、不同地域、不同群体的信息和教育，导致了家庭教育价值观的多样性和碎片化。传统的家庭价值观可能会受到挑战和质疑，家庭成员的思想观念也可能会发生变化，进而影响到传统家风家教文化的传承和发展。社会多元化和文化交流也给传统家风家教文化的传承和发展带来了新的机遇和挑战。随着社会的不断发展和进步，人们对家庭教育的需求也在不断变化，传统的家风家教文化可能需要与时俱进，适应社会的发展需求。因此，家庭成员需要不断学习和吸收新的知识，提高自己的文化素养和教育水平，才能够更好地传承和发展传统家风家教文化。

二、社会（学校）思想政治教育实效性衰减

当中华优秀传统家风家教文化传承创新弱化时，社会（学校）思想政治教育实效性会受到直接影响。这种影响主要源于家庭作为社会化的首要场所

之一，对个体的价值观念、道德观念和行为习惯的塑造至关重要。传统家风家教文化在此起到了关键的引导和教化作用，其价值观念常常承载着传统智慧和道德规范，通过代代相传的方式渗透于家庭生活中。然而，当这种传承出现缺失或弱化时，个体在成长过程中将面临着较少的传统文化熏陶，从而导致价值观念的淡化或多样化。具体而言，传统家风家教文化的弱化可能导致家庭价值观念的多样性，而这种多样性可能会与社会（学校）思想政治教育中灌输的核心价值观存在差异，造成教育内容与家庭环境之间的冲突。这种冲突可能会影响到个体对于社会（学校）思想政治教育内容的接受和认同，降低教育的实效性。此外，家庭作为社会化的首要场所，其凝聚力和影响力对于个体的发展和社会秩序的稳定起着至关重要的作用。当传统家风家教文化传承弱化时，家庭凝聚力可能受到影响，导致家庭成员之间的互动和支持关系出现问题，从而减弱了个体对社会价值观念的认同和遵循，进而降低了思想政治教育的实效性。

家风家教文化传承创新的弱化可能会在社会（学校）思想政治教育实效性方面产生多方面的影响。首先，家庭是个体成长的最初阶段，对于其价值观念、道德观念和行为习惯的形成具有至关重要的作用。传统家风家教文化承载着丰富的传统智慧和道德规范，通过代代相传的方式传承于家庭生活，对于引导个体形成正确的人生观、价值观和行为准则起着重要作用。然而，当这种传承被削弱时，家庭的教化功能会受到影响，导致个体在价值观念等方面的认知和接受程度降低，从而影响到其对社会（学校）思想政治教育内容的理解和认同。其次，传统家风家教文化的弱化可能导致家庭教育与学校教育之间存在着不一致性和矛盾性。家庭作为个体社会化的首要场所，其教育理念和方式可能与学校的思想政治教育内容存在出入，甚至相互冲突。这种矛盾性不仅会影响到个体对学校教育内容的接受程度，还可能造成个体在家庭和学校之间的认同困惑和价值观念的摇摆，进而影响到社会（学校）思想政治教育的实效性。最后，家庭作为社会化的主要渠道之一，其凝聚力和影响力对于个体的发展和社会秩序的稳定具有重要作用。然而，当传统家风家教文化传承受阻时，家庭的凝聚力可能受到影响，家庭成员之间的互动和支持关系可能出现问题，从而降低了个体对社会价值观念的认同和遵循，进而减弱了思想政治教育的实效性。因此，中华优秀传统家风家教文化传承创新弱化对社会思想政治教育的实效性产生了深远而复杂的影响，需要引起高度重视，并通过综合性的措施加以解决。

三、偶像化

当传统家风家教中的价值观扭曲导致偶像化现象时，家庭教育的本质可能会受到严重影响。偶像化可能导致对家庭成员的期待过高，进而产生失望和不满。家庭成员可能被期望成为某种“完美”的偶像，而无法真实地表达自己的情感和需求。这种情况下，家庭关系可能变得紧张和不健康，因为每个人都感受到了巨大的压力，无法真实地展现自己。偶像化可能导致对家庭成员的过度崇拜和依赖。家庭成员可能将某个家庭成员视为偶像，仿效其行为和言谈，而忽视了自己的个性和独立性。这种情况下，家庭成员可能失去自我认同和自主性，导致个人发展受阻，甚至出现心理健康问题。偶像化可能导致家庭成员之间的关系不平衡和不稳定。家庭中的偶像可能成为家庭关系的核心，而其他成员则处于被动地位。这种情况下，家庭成员之间可能存在着明显的权力和地位差异，导致了家庭内部的紧张和矛盾。最重要的是，偶像化可能削弱了家庭成员之间的真实沟通和情感交流。家庭成员可能更关注于追求偶像的认可和赞扬，而忽视了彼此之间的真实感受和需求。这种情况下，家庭成员之间可能缺乏真诚的沟通和理解，导致了家庭关系的疏远和不和谐。偶像化现象对家庭教育的价值观产生了严重的扭曲，导致了家庭关系的紧张、不稳定和不健康。要解决这一问题，需要引导家庭成员树立正确的家庭观念，强调家庭成员之间的平等和尊重，倡导真实的沟通和情感表达，以建立健康、和谐的家庭关系。

偶像化现象在社会中的普遍存在，不仅仅局限于在家庭成员中产生，当社会上的某些人物或对象被过度崇拜和模仿时，也会出现偶像化现象。这些偶像往往具有较高的社会地位、知名度或影响力，他们的言行举止常常被人们所追随和模仿，然而，当人们对偶像的崇拜过度到一定程度时，可能会带来一系列问题。偶像化现象可能导致社会价值观的偏移，因为人们往往会将偶像视为价值观的标杆，当偶像的言行不符合正确的价值观时，人们可能误以为这是一种正确的行为方式，从而导致社会整体价值观的偏移和扭曲。尤其是对于年轻人来说，他们更容易受到偶像的影响，从而削弱了自己独立思考的能力。过度追捧偶像可能会导致社会风气的不良，一些偶像可能会宣扬不良行为或消极价值观，例如攀比浮华、追求物质享受等，这可能会导致社会上出现不良风气。偶像化现象可能使个人的成长受到限制，过度追随偶像可能会削弱个人的独立思考和自我发展能力，使其无法形成独立的人生观和价值观，从而影响到个人的成长和进步。

偶像化现象可能导致社会成员对现实问题的忽视和逃避，进而影响社会的整体进步和发展。在现代社会，偶像不仅仅指娱乐明星，还包括网红、公众人物等，他们在网络和媒体上频频现身，使得人们更加关注这些偶像的一举一动，而忽视了身边的现实问题和社会的整体发展需求。这种现象带来了多方面的负面影响。偶像化现象可能使得社会成员特别是年轻人，过度关注偶像的私人生活和娱乐内容，而忽视了对社会、政治、经济等重大问题的关注和思考，许多人花费大量时间和精力在追星、刷偶像动态、参与应援活动等方面，而缺少对现实问题的关注和讨论，这种现象可能导致社会成员对公共事务的参与度降低，忽视了公民责任和社会责任的履行。现实生活中，人们可能面临各种各样的挑战和问题，如工作压力、学业负担、家庭矛盾等，在这种情况下，一些人可能通过追星、沉迷于偶像的虚拟世界来逃避现实问题，虽然这种方式可以暂时缓解心理压力，但长期来看，会导致个人对现实问题缺乏有效的解决能力，从而影响个人的发展和社会的进步。当社会过度关注和追逐偶像的生活和娱乐内容时，可能会导致对文化、科学、教育等领域的关注度下降，影响社会整体的文化氛围和价值导向。人们可能更多地关注娱乐和消费，而忽视了对知识和思想的追求，导致文化素养和创新能力的下降，进而影响社会的整体进步和发展。青少年时期是价值观和人生观形成的关键时期，他们容易受到外界的影响。如果青少年过度追星，将偶像的生活方式和价值观视为自己的标准，可能会导致他们形成错误的价值观和生活态度，从而影响到他们的成长和发展。

偶像化现象可能导致社会成员对现实生活中重要角色和关系的轻视，从而影响社会的和谐和稳定。现代社会中，偶像不仅包括娱乐明星，还涵盖了网红、体育明星、政治人物等，他们在媒体和社交网络上的影响力巨大，吸引了大量的关注和追随，这种过度关注偶像的现象可能引发以下几个方面的问题。首先，偶像化现象可能导致社会成员对家庭角色的轻视和忽视，家庭是社会的基本单位，家庭成员之间的互动和关系对个人的成长和社会的稳定具有重要意义，然而，当社会成员特别是青少年过度沉迷于偶像的世界时，可能会忽视家庭成员的关爱和责任，影响家庭关系的和谐。一些青少年在追星过程中可能会忽视父母的教导和关怀，甚至与家庭成员产生矛盾和冲突，导致家庭关系的紧张和破裂。其次，偶像化现象可能导致社会成员对师生关系的轻视。在教育过程中，师生关系对学生的成长和发展具有重要影响，然而，当学生过度关注偶像而忽视教师的教导和引导时，可能会影响他们的学业成绩和个人发展。一些学生可能因为追星而分散了学习的注意力，忽视了教师的指导，导致学业成绩下降，影响未来的发展。同时，过度偶像化还可能导致学生对教师的尊重和信任度下降，影响师生关系的和谐和教育效果的提升。最后，偶像化现象还可能导致社会成员对社会责任和公民义务的轻视，公民责任和社会义务对社会的和谐和稳定具有重要意义，当人们过度关注偶像而忽视了公民责任和社会义务时，可能会影响社会的整体发展和进步，一些人可能因为沉迷于偶像的世界，而忽视了对社会事务的关注和参与，影响公共事务的推进和社会的进步。

第三节 中华优秀传统家风家教文化传承创新弱化的原因探析

中华优秀传统家风家教文化的传承与创新弱化，其原因可以从多方面进行探析。首先，随着社会现代化进程的加快，传统文化面临现代文化的强烈冲击。现代社会的快节奏生活和信息化、全球化趋势，使得年轻一代更容易接受外来文化和新兴观念，而忽视了传统家风家教的重要性。传统文化中的价值观、道德观念和行为规范，往往被视为过时或不符合现代社会的发展需求，从而在家庭教育中被淡化甚至遗忘。其次，家庭结构的变化也是传统家风家教文化传承弱化的重要原因。随着城镇化和工业化的推进，家庭结构逐渐从传统的大家庭向小家庭转变，家庭成员之间的互动和交流减少，家庭教育的功能逐渐弱化。在现代社会中，父母由于工作压力和生活节奏的加快，往往没有足够的时间和精力进行家庭教育，导致传统家风家教的传承和创新受到限制。最后，教育体制和社会环境的变化也对传统家风家教文化的传承产生了重要影响。在现代教育体制中，学校教育和社会教育占据了重要地位，而家庭教育的作用相对被忽视。学校和社会更强调知识和技能的传授，而对道德教育和人格培养的关注不足，导致学生在成长过程中缺乏传统文化的熏陶和教育。同时，社会环境的多元化和价值观的多样性，也使得传统家风家教文化在传播和继承过程中面临诸多挑战。传统家风家教文化传承创新弱化还与家庭教育观念的转变有关。在现代社会中，许多家长更加重视孩子的学业成绩和未来的职业发展，而忽视了道德品质和行为规范的培养。家庭教育更多地集中在智力开发和技能训练上，而传统家风家教中的伦理道德教育和行为规范教育则被弱化或忽视。这种观念的转变，使得传统家风家教文化难以在家庭中得到有效传承和创新。媒介环境的变化对传统家风家教文化的传承也产生了深远影响。现代社会中，互联网和社交媒体的发展，使得信息传播更加便捷和广泛，年轻一代更容易受到各种新兴文化和观念的影响。在这种媒介环境下，传统家风家教文化的传播受到冲击，难以在新的媒介环境中找到合适的传播方式和载体。综上所述，中华优秀传统家风家教文化传承创新弱化的原因是多方面的，包括现代化进程带来的文化冲击、家庭结构和教育体制的变化、家庭教育观念的转变以及媒介环境的变化。要有效传承和创新传统家风家教文化，需要在社会各个层面进行综合治理，重新审视和强化家庭教育的作用，结合现代教育手段和媒介环境，推动传统文化的传承和创新，使其在现代社会中焕发新的生命力。

一、生产方式变革与生活方式变迁

生产方式的变革，特别是从农业经济向工业经济再到信息经济的转变，对经济结构的影响是深远而复杂的。这种变革不仅推动了生产效率的提升和经济增长速度的加快，还促进了社会资源配置和财富分配的重新调整。在农业社会，经济活动主要集中在农村，农业生产是主要的经济形式。随着工业革命的到来，机械化生产取代了手工劳作，工厂成为新的经济中心，大量农村人口向城市迁移，寻求工厂工作和更好的生活机会。这种人口迁移带来了城市的快速扩张和城镇化的发展。工业化不仅改变了生产方式，还推动了相关产业的发展，如制造业、服务业和建筑业等。这些产业的发展带动了整个经济结构的调整，促进了国民经济的多元化和复杂化。在工业经济中，资本和技术成为主要的生产要素，企业的规模增大、竞争力逐渐增强，市场经济逐渐取代了传统的自然经济和封闭的地方经济。随着信息技术的快速发展，信息经济成为新的经济增长点。信息技术的应用不仅提高了生产效率，还促进了各行业的创新和转型，推动了新兴产业的发展，如互联网经济、数字经济和共享经济等。信息经济的崛起进一步改变了经济结构和资源配置。信息和数据成为新的生产要素和财富源泉，信息技术企业和平台经济迅速崛起，改变了传统的商业模式和市场格局。信息经济不仅促进了生产力的提升，还推动了消费模式和生活方式的转变。电子商务、在线支付和智能化服务等新业态的出现，使得消费更加便捷和个性化，推动了消费升级和经济增长。经济结构的转型还带来了财富分配的变化。在工业经济和信息经济中，高技术、高附加值的产业逐渐成为主导，知识型和技术型劳动者的收入水平明显提高，传统的体力劳动者和低技术劳动者的收入相对减少。这种财富分配的不平衡，促使社会各界更加关注收入分配和社会公平问题，推动了政府在社会保障和公共服务方面的政策调整。综上所述，生产方式的变革对经济结构的影响是全方位的。从农业经济向工业经济再到信息经济的转变，不仅推动了生产效率提升和经济增长，还促使了社会资源配置和财富分配的重大调整。工业化和信息化的推进，推动了城镇化的发展和劳动力市场的变化，促进了相关产业的创新和转型，改变了传统的商业模式和市场格局。这些变化共同塑造了现代经济的多元化和复杂化特征，对社会发展和人们的生活产生了深远的影响。

生产方式的变革带来了生活方式的深刻变迁，这种变迁不仅体现在物质生活的提升和生活质量的改善上，更深刻地影响了人们的观念、行为和社会结构。工业化和城市化进程的加快，使得农村人口大规模向城市迁移。农村居民涌入城市寻找更好的工作和生活机会，这不仅改变了城市的规模和结构，也带来了城市文化的多元化和复杂化。在城市中，工厂和企业成为主要的就业场所，人们的工作时间和工作节奏显著加快，生活方式逐渐从以家庭和社区为中心，转变为以工作和个人为中心。现代交通和通信技术的发展，大大缩短了时空距离，促进了人员、物资和信息的快速流动。高铁、飞机和高速公路等现代交通工具的普及，使得人们的出行更加便捷，旅行和迁徙变得更加频繁。同时，互联网、智能手机和社交媒体的普及，使得信息传播更加迅速和广泛，人们可以随时随地获取最新的资讯、与他人交流。现代通信技术不仅改变了人们的交流方式，还推动了远程办公、在线教育和电子商务等新兴生活方式的发展。随着生产效率的提高和收入水平的提升，人们的消费能力和消费结构发生了显著变化。现代社会的消费不再仅仅满足于基本生活需求，更注重品质和个性化的追求。大规模生产和市场竞争推动了商品和服务的丰富多样化，人们可以选择更加多样化和个性化的商品和服务，生活质量显著提升。同时，人们的消费观念也发生了转变，从注重实用性逐渐转向追求品牌、体验和精神满足。这种消费观念的转变，推动了文化产业、娱乐产业和体验经济的发展。

随着生产方式的变革，生活方式的变迁也深刻影响了家庭结构和家庭生活。在传统农业社会，家庭是主要的生产单位，家庭成员之间有着紧密的经济和情感联系。每个家庭成员都有明确的角色和责任，通常由长辈指导年轻一代进行农业生产和家庭事务的管理。这种家庭结构强调集体主义和家庭的共同利益，家庭成员之间的合作和互助是维持家庭生计的重要方式。然而，随着工业化和城市化的推进，家庭逐渐从生产单位转变为消费单位。现代家庭的主要功能不再是生产，而是消费和生活的场所。家庭成员的职业和生活空间发生了分离，夫妻双方常常都在外工作，家庭收入来源多样化。这一变化导致家庭成员之间的经济和情感联系有所松散，家庭生活更加注重个人的独立性和自由度。现代社会中，家庭规模趋于小型化，核心家庭取代了传统的大家庭。核心家庭通常由父母和子女组成，家庭成员之间的关系更加平等和自由。这种家庭结构的变化，对家庭成员之间的互动和支持方式产生了深远影响。在核心家庭中，父母与子女之间的沟通更加直接和开放，子女在家庭中的地位和权利得到了提升，家庭教育也更加注重尊重和理解。然而，家庭结构的变化也带来了一些挑战。首先，小型家庭的亲密关系和互动频率有所增加，但家庭内部的支持网络变得相对脆弱。传统大家庭中的多代同堂和大家庭成员的互助在现代社会中较为少见，家庭成员之间的依赖和支持关系趋于弱化。尤其是在面对重大生活事件或困难时，小型家庭的资源和支持可能不足，这对家庭成员的心理和情感健康产生一定影响。其次，随着家庭功能的变化，家庭成员的角色和责任也发生了转变。现代社会中，夫妻双方都需要承担工作和家庭的双重责任，特别是女性在职场和家庭之间的平衡变得更加复杂。这种双重责任带来了时间和精力的压力，可能影响家庭生活的质量和家庭关系的和谐。家庭成员之间需要更多的协调和沟通，共同承担家庭事务和育儿责任，以维持家庭的稳定和幸福。最后，家庭生活方式的变化也影响了家庭成员的生活习惯和健康状况。随着生活节奏的加快和工作压力的增加，家庭成员的作息时间和生活习惯可能变得不规律，饮食健康和身体锻炼容易被忽视，这对家庭成员的身体健康和生活质量产生了一定的负面影响。现代家庭需要更加注重健康的生活方式，合理安排作息时间和饮食习惯，加强家庭成员之间的健康教育和健康管理。家庭文化和家庭教育的变化也对家庭生活产生了深远影响。传统家庭教育强调家庭成员的伦理道德和行为规范，而现代家庭教育更加注重个性发展和创造力培养。家庭文化的变迁反映了社会观念和价值观的变化，家庭成员在教育和成长过程中，需要平衡传统文化和现代观念，既要传承优秀的家庭传统，又要适应现代社会的变化和需求。

生产方式变革和生活方式变迁带来的家庭文化和家庭教育的变化，对家庭成员的价值观和行为方式产生了深远影响。传统家庭教育强调伦理道德、孝道、家庭责任和集体主义观念，这些价值观在家庭生活中代代相传。然而，随着工业化和信息化的发展，现代社会的快速变迁使得传统家庭文化和教育观念面临挑战，家庭成员的价值观和行为方式也随之发生变化。在传统家庭中，伦理道德和孝道观念是家庭教育的重要内容。家庭成员从小就被教导要尊敬长辈、孝顺父母，注重家庭和谐和共同利益。长辈在家庭中具有权威地位，对年轻一代的行为和价值观有着重要影响。这种教育方式强调家庭成员的责任感和义务感，形成了家庭内部的强烈凝聚力和互助精神。然而，随着社会的变革，现代家庭的教育观念逐渐向个性化和多元化方向发展。家庭成员更加重视个人的独立性和自由，父母对子女的教育方式也从传统的权威式转变为民主式、平等式。家庭教育中更注重培养子女的创造力、批判性思维和自主决策能力。这种教育方式在某种程度上增强了子女的自我意识和独立能力，但也可能削弱了家庭成员之间的责任感和互助精神。信息化和全球化的进程，使得家庭成员特别是年轻一代受到多元文化和价值观的影响。通过互联网和社交媒体，年轻一代能够接触到全球范围内的各种思想和观念，这在丰富他们的视野和思维的同时，也带来了价值观的多元化和复杂化。传统家庭文化中统一的价值观和行为规范，面临着外来文化和观念的冲击，家庭成员之间的价值观念可能出现差异和冲突。在这种背景下，家庭教育的内容和方式需要进行调整和创新。家庭成员需要在传承优秀传统文化的基础上，吸收和融合现代教育理念，培养既有传统美德又具备现代素养的家庭成员。家庭教育不再是单向的知识传授，而是双向的互动交流。父母需要成为子女的引导者和合作伙伴，通过平等沟通和共同学习，帮助子女形成正确的价值观和行为方式。同时，家庭文化的传承和创新也需要社会各界的支持和推动。学校、社区和媒体等社会机构应当发挥积极作用，弘扬优秀传统文化，宣传现代家庭教育理念，营造良好的社会氛围。学校教育应当与家庭教育相结合，通过课程设计和活动安排，引导学生树立正确的价值观和社会责任感。社区可以通过家庭教育讲座、亲子活动等形式，增强家庭成员之间的沟通和互动，促进家庭文化的传承和创新。媒体则可以通过宣传优秀家庭典型，传播正能量，发挥榜样引领作用。家庭成员需要在传承优秀传统文化的基础上，吸收和融合现代教育理念，培养既有传统美德又具备现代素养的下一代。社会各界也应当共同努力，弘扬优秀传统文化，宣传现代家庭教育理念，营造良好的社会氛围，促进家庭文化的传承和创新。这样，家庭成员才能在现代社会中保持正确的价值观和行为方式，家庭生活才能更加和谐幸福。

二、当代家庭职能和结构变迁

（一）家庭角色的重新定义

家庭角色的重新定义是当代家庭职能和结构变迁中的一个核心问题，深刻影响了家庭生活的各个方面。传统家庭中，父亲作为主要的经济支柱，负责家庭的经济收入和财务管理，母亲则主要承担家庭事务和子女教育的责任，这种性别角色分工在过去几十年里经历了显著的变化，反映了社会对性别平等和家庭功能的重新认识。性别平等观念的普及和女性劳动参与率的提高，使得传统的性别角色分工不再适用，现代社会中，女性不仅在家庭中承担更多的经济责任，还在职场中占据越来越重要的位置，这种变化使得女性在家庭和职业之间面临双重压力，但也带来了更大的经济自主权和社会参与机会，例如，越来越多的女性进入职场，这种角色的转变改变了家庭的经济结构，也提高了女性在家庭决策中的话语权。与此同时，男性的角色也在发生变化。传统上，男性主要承担经济支持的角色，而现代男性则越来越多地参与到家庭事务和育儿中，这一变化不仅是性别平等的体现，也反映了家庭生活的实际需求。这种角色的转变，有助于缓解女性的双重压力，也促进了家庭关系的平等和和谐。然而，这种角色重新定义带来了新的挑战。家庭成员在职业和家庭之间的平衡成为一个重要的问题。现代家庭中的双职工模式使得家庭生活的安排更加复杂，如何协调工作与家庭责任、如何管理家庭开支和时间成为新的难题。此外，家庭内部的角色重新定义还可能导致新的冲突和矛盾，例如，家庭成员对角色期望的不同可能引发争论，尤其是在工作和家庭责任的分配上。此外，角色的重新定义也影响了家庭的社会支持网络，传统家庭结构中的角色分工使得家庭内部的支持系统更加稳定，而现代家庭中的多角色和双重负担可能导致家庭成员在面对压力时缺乏足够的支持。这种情况可能使得家庭成员在情感支持和实际帮助方面面临挑战，影响了家庭的整体幸福感。家庭角色的重新定义还推动了社会对家庭政策和福利的调整。为了适应现代家庭的需求，社会政策需要关注性别平等、工作与生活的平衡以及家庭支持系统的建设。例如，许多国家和地区开始提供带薪育儿假、灵活工作安排和家庭支持服务，以帮助家庭成员更好地平衡工作和家庭生活。这些政策的实施，不仅能够减轻家庭的负担，还能促进家庭角色的合理分配和家庭生活的优化。总体而言，家庭角色的重新定义是当代家庭职能和结构变迁中的一个重要方面，涉及性别平等、家庭责任分配、社会支持系统和政策调整等多个层面。这一过程不仅反映了社会对性别角色和家庭功能的重新认识，也带来了新的挑战和机遇。理解和应对这些变化，需要综合考虑家庭内部的动态和外部的社会环境，以实现家庭角色的平衡和家庭生活的优化。

（二）家庭角色重构对亲子关系的影响

家庭角色的重构对亲子关系产生了深远的影响，这种影响不仅体现在父母与子女之间的互动方式上，还体现在家庭教育的策略和子女成长的经历中。随着家庭结构的变迁和社会环境的变化，传统的亲子关系模式正经历着显著的转型，进而影响到家庭成员的情感联系和教育方式。家庭角色的重构打破了传统的父母主导模式，在传统家庭中，父母尤其是父亲通常扮演权威角色，主导家庭决策并设定规则，母亲则负责日常的照顾和教育工作。然而，现代家庭中，父母角色变得更加多元化和合作化，父母之间的权威界限变得更加模糊。这种变化促使父母与子女之间的关系更加平等和互动，父母更倾向于采取协商的方式解决家庭事务，而不是单方面地作出决定，这种模式鼓励了孩子表达自己的意见和需求，增强了亲子间的沟通和理解。家庭角色的重构带来了教育理念的变化。现代家庭中，父母不仅关注子女的学业成绩，还更加重视孩子的情感和心理发展。传统的教育方式往往强调纪律和控制，而现代家庭则更倾向于支持和引导，父母在教育中越来越重视孩子的自主性和创造力，鼓励他们参与决策和设定个人目标，这种变化不仅改善了孩子的学习体验，也提升了他们的自信心和责任感。然而，这种角色重构也带来了新的挑战。第一，父母在家庭中的多重角色可能导致时间和精力的分散，父母在平衡职业和家庭责任时，往往会感到压力，这种压力可能影响他们在亲子关系中的表现，双职工家庭中的父母可能面临工作时间和家庭时间的冲突，导致他们在与子女互动时缺乏足够的时间和精力。这种情况可能会影响亲子关系的质量，特别是在孩子需要情感支持和关注时。家庭角色的重构可能会导致父母和子女之间的期望不一致，父母在角色重构过程中可能对教育方式和家庭责任有新的设想，而这些设想可能与孩子的期望和需求不一致，父母可能希望孩子在学习上表现出色，而孩子则可能更希望父母能参与到他们的兴趣爱好和社交活动中。这种期望的差异可能导致家庭内部的冲突，影响亲子关系的和谐。第二，家庭角色重构对亲子关系的影响也促使社会对家庭教育的支持和干预，为了应对现代家庭中的挑战，许多国家和地区加强了对家庭教育的支持，如提供育儿指导、心理咨询和亲子活动等服务，这些措施旨在帮助父母更好地适应角色的变化，改善家庭关系，并促进子女的全面发展。社会对家庭教育的支持，不仅能够缓解家庭内部的压力，也能为孩子提供更好的成长环境。家庭角色的重构对亲子关系产生了深远的影响，涉及权威的转变、教育理念的变化、时间和精力的分散、期望不一致以及社会支持等多个层面。这一过程中需要综合考虑家庭成员的需求和挑战，以实现家庭关系的优化和子女的全面发展。理解这些影响并采取相应的应对措施，是现代家庭在角色重构过程中面临的重要任务。

（三）家庭结构的变迁对代际关系的影响

家庭结构的变迁对代际关系产生了深远而复杂的影响，改变了不同年龄段家庭成员之间的互动模式和情感联结，这种变化不仅涉及家庭成员数量和配置，还涉及家庭角色、期望和支持系统的转变，进而影响了代际的关系质量和社会功能。现代家庭结构多样化，包括核心家庭、单亲家庭以及再婚家庭，带来了代际关系的重新定义。在传统大家庭中，三代同堂的模式使得祖父母、父母和子女在日常生活中有更多的互动和支持，这种模式不仅促进了代际的情感联系，还强化了老一辈对年轻一代的教育和照顾责任。然而，随着家庭结构的变化，尤其是核心家庭和单亲家庭的增多，代际的接触变得不那么频繁，祖父母可能因为地理距离的远离或家庭安排的变动而无法直接参与到孙辈的成长过程中，这种接触的减少导致了代际关系的淡化，减少了老一辈传递价值观和文化的机会。家庭角色的变化也对代际关系产生了影响。

现代家庭中，父母的角色越来越多样化，不再仅仅是传统意义上的养育者和教育者，他们还需要在职业、家庭责任和个人发展之间找到平衡。这样的角色重构使得父母在家庭中的时间和精力被分散，导致他们在代际关系中的参与感降低，这种角色的转变也影响了年轻一代对长辈的期待和依赖，年轻一代可能对祖父母的经济支持和生活照顾的期望降低，更多地依赖父母或社会资源。这种变化在一定程度上削弱了代际的相互支持和依赖关系。代际关系的变化也受到社会文化和经济因素的影响，现代社会的快节奏和高压力使得家庭成员的生活方式发生了变化，尤其是年轻一代在工作和生活中面临的压力增加，导致他们与长辈互动的时间和精力受限。此外，经济压力和城市化进程使得年轻人更倾向于迁徙至大城市，离开老一辈。这种空间上的分离不仅影响了代际的直接互动，还对情感交流和文化传承造成了影响。家庭结构的变迁也使得代际关系中的支持系统发生了变化。传统家庭中，家庭成员之间的支持更多地依赖于家庭内部的资源和关系，而现代家庭则更加依赖于社会服务和公共资源，随着社会保障制度的完善和社会服务的多样化，老年人和年轻人可以从外部获得更多的支持，这虽然在一定程度上缓解了家庭内部的压力，但也改变了代际关系中支持的性质和方式，现代社会中的代际支持不再完全依赖于家庭内部的互动，更多地通过社会服务和政策措施来实现，这种变化对代际关系的亲密感和互动方式产生了影响。这些影响不仅改变了代际的互动模式和情感联结，也对家庭成员的生活质量和社会功能产生了深刻的影响，在面对这些挑战时，需要通过增强代际沟通、优化家庭支持系统和促进代际融合等方式来改善代际关系，促进家庭成员之间的理解和支持。

（四）家庭结构变迁对家庭角色和期望的影响

家庭结构的变迁对家庭角色和期望产生了深远的影响，改变了传统家庭中角色分配的方式和期望值，从而对家庭内部的互动模式和成员之间的关系产生了深刻的影响。现代家庭结构从传统的大家庭到核心家庭、单亲家庭以及再婚家庭，显著改变了家庭角色的分配和责任承担。在传统大家庭中，家庭成员的角色较为固定，父母通常承担主要的养育和教育职责，而祖父母则负责补充性的照顾和传递文化价值，这种角色分配使得家庭功能更加全面和均衡。然而，随着家庭结构的变化，核心家庭中的父母承担了更多的家庭责任，而祖辈的角色逐渐被边缘化。现代核心家庭中，父母不仅要承担养育子女的主要责任，还需面对职业压力等，这种角色的重叠和压力使得父母在家庭中的角色变得更加复杂和多重。此外，单亲家庭和再婚家庭中的角色分配也更加多样化和灵活，单亲家庭的父母可能需要承担双重的养育责任，而再婚家庭中的继父母则需要在复杂的家庭关系中找到自己的角色定位。家庭结构的变化也影响了家庭成员对角色的期望和社会认同。传统大家庭中，各个角色的职责和期望较为明确，家庭成员对这些期望有较强的认同感和遵循度。然而，现代家庭结构的多样化使得家庭角色的期望变得更加灵活和不确定。现代社会对父母的期望不仅包括经济支持和子女教育，还包括情感支持和生活照顾，这些期望的多重性和复杂性使得父母在角色扮演过程中面临更多的挑战和压力。同时，社会对不同家庭结构的认同和接受程度也在变化，单亲家庭和再婚家庭的成员可能会面临社会偏见和文化冲突，这种社会认同的不一致对家庭成员的角色认同产生了影响。家庭结构变迁还导致了对家庭角色和期望的再定义，现代社会中，家庭角色不仅仅受到传统文化的约束，而且受到社会变迁和个体选择的影响。家庭成员在角色分配上的自主性增加，使得家庭内部的角色安排更加灵活和个性化。现代家庭中，父母可能会根据自身的职业发展和个人兴趣来调整家庭角色的分配，子女的期望和需求也可能会对家庭角色产生影响，这种角色的再定义和调整，不仅影响了家庭成员之间的互动模式，还对家庭的功能和稳定性产生了影响。这种变化不仅改变了家庭成员的具体职责和角色定位，也影响了对这些角色的社会认同和文化期望。面对这些变化，家庭成员需要在新的角色环境中找到平衡，并通过有效的沟通和支持来应对挑战，从而维持家庭的稳定和功能。

（五）家庭结构的变迁对家庭成员心理健康的影响

家庭结构的变迁对家庭成员的心理健康产生了显著影响，这种影响体现在多个方面，包括个体的情绪稳定、压力管理、社会支持系统的改变等。传统家庭和现代家庭结构的不同对家庭成员的心理健康带来了不同的挑战和机遇。传统大家庭结构中，家庭成员之间的密切联系和互助机制在很大程度上为成员提供了情感支持和社会稳定感，大家庭通常由祖父母、父母、子女以及可能的其他亲属组成，这种大家庭的结构使得家庭成员之间在日常生活中能够互相依靠，共享资源和责任。特别是在面临生活压力和挑战时，家庭成员可以通过共同生活和相互支持来缓解压力。祖父母通常承担照顾孙辈的角色，这不仅为父母减轻了负担，也为孙辈提供了额外的情感支持，然而，随着家庭结构的变化，从大家庭转变为核心家庭、单亲家庭或再婚家庭，这种传统的情感支持机制受到影响。核心家庭中，父母需要承担更多的责任和压力，缺乏了传统大家庭中的支持网络，导致家庭成员可能感到孤立和压力增大。单亲家庭和再婚家庭中的家庭成员则可能面临更复杂的关系和情感问题，这些问题可能对成员的心理健康产生负面影响。现代家庭结构的变迁使得家庭成员在面对压力时缺乏有效的支持系统，传统家庭结构中的互助机制和多代同堂的生活方式为成员提供了稳定的支持系统，而现代家庭中，核心家庭的规模较小，家庭成员之间的互动和支持减少，这使得个体在面对心理压力时更容易感到孤立。特别是在单亲家庭中，单一的家庭责任和社会期望对单亲父母构成了巨大的心理压力，他们需要同时承担养育和经济支持的双重任务，而缺乏足够的社会支持和家庭帮助，这种压力不仅对父母自身的心理健康产生影响，也可能影响到孩子的情感和心理发展。此外，家庭结构的变迁还带来了对个体心理健康的不同期望和社会压力，在现代社会中，家庭成员常常面临更高的个人发展和社会适应要求，这些要求可能与传统家庭结构中的价值观和期望不一致，现代家庭对成员的期望不仅包括经济和社会成功，还包括个人的幸福和心理健康，这种多重期望增加了个体的心理压力。例如，父母在现代社会中不仅要关注子女的学业成绩和社会表现，还要关注其心理健康和情感需求，而这种多重的期望可能导致父母和子女都面临更多的心理负担。现代社会对成功和幸福的定义往往强调个人的自我实现和社会地位，这种对成功的高期望可能使个体在达不到这些期望时感到挫败和压力。传统大家庭中的广泛亲属关系为家庭成员提供了丰富的社会支持资源，而现代家庭结构的变化使得社会支持网络趋于减少，核心家庭、单亲家庭和再婚家庭中的成员往往依赖较小的社会支持圈，这种支持网络的缺乏使得个体在面对心理健康问题时更难获得外部帮助和支持。此外，现代社会的流动性和个体化倾向也使得家庭成员之间的联系变得更加松散，家庭成员之间的亲密关系和互动减少，这对个体的心理健康产生了进一步的负面影响。面对这些挑战，家庭成员需要积极寻求支持，建立有效的情感沟通机制，同时在社会和政策层面也应加强对家庭心理健康的关注和支持，从而保障家庭成员的心理健康、增强其幸福感。

三、教育职能社会化

教育职能社会化对个体社会化的影响是深远而复杂的，它不仅涉及知识和技能的传授，还涵盖了个体的价值观、行为规范、社会认同等方面。首先，教育为个体提供了系统化的知识结构和技能培训，这些不仅是职业发展的基础，更是社会适应的关键。通过学校的课程设置，学生不仅学到了专业知识，还在科学、历史、文学等领域获得多元化的认知，这些认知塑造了他们对世界的理解和对自我的定位。教育通过培养学生的批判性思维和解决问题的能力，使他们能够在未来的社会中更加自主和有效地应对挑战。其次，教育在社会化过程中扮演了重要的角色，它通过隐性课程和直接的教学内容影响个体的价值观和行为规范。学校不仅教授显性的学科知识，还通过组织集体活动、设立规则和提供行为榜样等方式，引导学生学习社会规范和道德标准。学校的集体活动和团队项目促使学生学会合作、分享和处理冲突，这些社交技能对于他们未来的社会生活至关重要。教师在课堂上树立的榜样以及学校制定的行为规范也对学生的价值观形成产生了深远的影响。学生在这一过程中逐渐形成对诚实、责任感、尊重他人等核心价值观的认同，从而在日后的社会交往中更加符合社会期待和规范。最后，教育通过提供一个多样化的社交环境，帮助学生建立社会认同和自我意识。在学校中，学生接触到来自不同家庭背景、文化背景的同学，这种多样化的社交环境使他们能够更好地理解和包容不同的文化和观点。通过与同学的互动，学生不仅学会了如何在多元环境中相互理解和合作，还发展了自我意识和社会认同感。这种社会认同不仅包括对学校的认同，还包括对所在社区和国家的认同，这些认同感在学生的社会适应和未来职业生涯中起到了重要的作用。

教育职能社会化中的隐性课程和行为规范的传递对于个体的社会化过程具有深远的影响。这一影响不仅体现在知识的传递上，更体现在对学生行为习惯、价值观念及社会角色的塑造上。隐性课程指的是学校教育中那些未被正式纳入课程大纲但却对学生产生重要影响的教育内容，这包括学校日常的行为规范、教师的行为榜样、学校文化以及校园内的各种社会互动。学校的行为规范和规章制度在无形中会对学生的行为习惯和价值观念产生深远的影响。学校中的各种规章制度，比如课堂纪律、作业要求、考试制度等，也在潜移默化地教会学生遵守社会规则、管理自己的行为，定期的作业提交和严格的考试纪律培养了学生的自律能力和责任感，这些品质在他们未来的社会生活和职业生涯中都是至关重要的。同时，学校对迟到、缺席、作弊等不良行为的处理方式，也在教育学生在社会中遵守规则和规范。教师的行为榜样对学生的价值观和行为习惯的塑造也起着重要作用。教师不仅是知识的传授者，更是学生行为的模仿对象。教师的言行举止、对待工作的态度、处理问题的方法，都会成为学生学习的榜样。一位教师的诚信和公正，不仅通过课堂教学显现出来，还通过对学生的评价和对待工作的态度影响学生。学生通过观察教师如何处理日常事务、如何对待学生，学会了如何在社会中建立良好的人际关系和处理复杂问题。这种榜样的力量往往比单纯的理论知识更能深刻地影响学生的行为模式和价值观。学校文化和校园环境也在潜移默化中对学生的社会化产生影响。学校的文化氛围、校园的社交活动、集体的庆典活动等，都在不断地塑造学生的社会认知和行为模式，学校组织的各种社交活动如义工服务、文化节庆等，能够让学生在实践中学习团队合作、增强社区参与和提升文化认同，这些活动不仅让学生在参与中获得乐趣，更在过程中深刻理解了社会责任和集体主义的重要性。校园内的各种社会互动也在塑造学生的社会角色。学生在与同龄人的互动中，学习如何沟通、合作、处理冲突，以及如何建立和维护人际关系。这种互动经历使学生逐渐理解社会关系的复杂性和多样性，从而为他们未来的社会交往和职业发展奠定了基础。通过与不同背景、性格的同学合作，学生学会了如何在多元化的社会中进行有效的沟通和协调，如何在集体中找到自己的角色和位置。

在教育职能社会化过程中，学校作为主要的教育机构，其与家庭及社会其他机构的互动对学生的社会化产生深远影响，家庭和社会环境对学生的社会化过程和教育职能具有不可忽视的作用，学校在此过程中扮演了一个重要的桥梁和协调者的角色。家庭教育和社会环境在塑造学生的社会认知、行为习惯及价值观方面，与学校的教育功能相辅相成，形成了一种互动和相互影响的关系。家庭教育对学生的价值观和行为模式有着基础性的影响，家庭是学生社会化的初级场所，父母的言传身教，家庭中的教育方式、家庭文化等，都深刻地影响着学生的认知和行为模式，家长的价值观念、行为习惯和教育理念在潜移默化中形成了学生的初步社会认知。父母对学习的态度、对社会规范的遵循以及处理家庭事务的方式，都为学生提供了一个行为的范本。家庭环境中的互动模式、情感支持和教育风格会影响学生对社会的基本认识和适应能力。在学生进入学校后，这种家庭背景会与学校的教育内容和方法相互作用，影响学生的社会化过程。社会环境中的文化氛围和社会制度对学生的社会化也起着重要作用，社会的价值观念、文化习俗以及社会制度等都在潜移默化中影响着学生的社会认知和行为模式。社会对不同职业、性别角色、伦理道德的认知，以及对社会变迁的反应，都会通过新闻媒体、社会活动、公共政策等途径对学生产生影响，学校在教育过程中，不仅传授知识，更帮助学生理解和适应社会环境中的复杂性。通过校外实践活动、社会调研等方式，学校帮助学生将课堂知识与实际社会环境相结合，形成对社会的全面认知。学校在促进家庭与社会的联动方面也发挥了重要作用，许多学校通过家长会、社会实践、社区服务等形式，加强了与家庭和社会的联系，这种联系不仅帮助学校了解学生的家庭背景和社会环境，也使家长和社区更好地理解学校的教育目标和方法。学校组织的家庭教育讲座和家长培训，能够提高家长对学校教育内容和方法的认同感，使家长能够更好地支持学校的教育工作。社区参与学校活动，如志愿服务、校园开放日等，能够增强社区对学校的支持，促进学校与社区之间的互动与合作。通过加强与家庭和社会的联系，学校能够更好地理解学生的需求，调整教育策略，实现更全面的社会化目标。这种综合作用使得教育职能的社会化过程不仅仅是学校内部的教育活动，而是家庭、学校和社会共同作用的结果。

在教育职能社会化过程中，学校与家庭以及社会的互动不仅仅体现在教育资源的整合与信息的交流上，更重要的是这些互动影响着教育内容的选择、教育方式的改革以及教育目标的设定。教育职能的社会化，意味着学校教育越来越多地受到社会环境的影响，并且家庭教育和社会文化也越来越直接地融入学校的教学和管理中。这种影响不仅体现在教育资源的共享上，还在于教育理念和教育方法的不断创新和调整。家庭与学校的互动在教育内容的选择和课程设置上发挥了重要作用，随着家庭结构和社会环境的变化，学校在课程设计上开始考虑如何更好地反映家庭和社会的实际需求。在面对现代家庭多样化的结构时，学校可能会调整课程内容，引入关于家庭关系、亲子教育等方面的知识，以帮助学生更好地理解和适应家庭环境的变化。此外，学校还会通过家长会和家庭访谈等方式，了解家庭对教育内容的需求和期待，从而调整课程设置，以实现更好的教育效果。通过这种互动，教育内容不仅能够更好地贴合学生的实际需求，也能够增强家庭对学校教育的支持和配合。教育职能的社会化也体现在教育方法的创新和改革上，随着社会的发展，家庭和社会对教育的要求和期望发生了变化，这促使学校在教育方法上不断的调整和改进。现代教育越来越注重对学生的自主学习和实践能力的培养，这一转变在很大程度上受到社会对创新能力和实践能力重视的影响。在这种背景下，学校在教学中引入了项目式学习、探究式学习等教学方法，鼓励学生在实践中学习和成长。这些新兴的教育方法不仅提高了学生的学习兴趣和参与度，也帮助他们更好地适应社会对人才的需求。学校在教育目标的设定上也受到家庭和社会的深刻影响，教育目标不仅要符合国家的教育政策，还要考虑到家庭和社会对人才培养的期望。在这一过程中，学校需要综合考虑家庭的价值观、社会的需求以及学生的实际情况，制订出具有针对性的教育目标。在现代社会中，除了传统的学术知识，社会对学生的综合素质、道德观念和社会责任感也提出了更高的要求。学校在设定教育目标时，必须兼顾这些方面的需求，通过课程设置、德育教育和社会实践等方式，全面提升学生的素质和能力。学校通过与社会组织、企业、社区等合作，能够获得更多的资源和支持。这种合作不仅为学校提供了丰富的实践机会，也使学生能够更好地了解社会实际情况。例如，学校通过与企业的合作开展实习项目，让学生在实际工作中获得经验，并将课堂知识与实际应用相结合。社会资源的有效利用不仅提升了教育质量，也促进了学生的全面发展。教育职能社会化的过程不仅是学校教育的自身发展和调整，更是家庭与社会对教育的需求和期望在教育实践中的体现。

在教育职能社会化的过程中，家庭和社会对学校教育的支持和参与是至关重要的，这种支持不仅体现在物质资源的提供上，更重要的是通过文化、情感以及社会行为的互动，形成了对教育内容、方法和目标的多维度支持。随着家庭结构和社会环境的变迁，这种支持的形式和内容也在不断演变，进而影响到学校教育的各个方面。家庭对学校教育的支持在教育资源的提供上表现得尤为明显。现代社会中，家庭不仅是孩子成长的环境，更是教育资源的重要来源。例如，许多家庭通过家庭教育提供额外的学习材料、补习班、兴趣班等，这些资源直接影响学生的学习效果和兴趣发展。家庭的经济状况、教育理念和文化背景，也会影响学生对学校教育的期待和需求。经济条件较好的家庭往往能够为孩子提供更多的教育资源，而经济条件较差的家庭则可能面临资源不足的问题。因此，学校在设计和实施教育项目时，需要充分考虑不同家庭背景下的资源分配和教育需求，确保每位学生都能获得公平和充分的教育机会。家庭教育不仅仅是物质支持，更包括情感上的支持和文化价值观的传递，家长的教育理念和价值观念直接影响到学生的行为习惯和学习态度。此外，社会对学校教育的支持表现为对教育政策的反馈和对社会资源的提供。社会组织、企业和社区的参与，为学校提供了丰富的实践机会和教育资源。例如，许多企业与学校合作，开展实习和社会实践项目，使学生能够将课堂知识应用于实际工作中。这种社会资源的引入，不仅丰富了学生的学习经历，也提高了他们的综合素质和实际能力。同时，社会对教育政策的反馈，能够帮助政府和教育部门了解社会对教育的期望和需求，从而在政策制定和教育改革中更好地回应社会的呼声。然而，随着社会的发展和家庭结构的变化，家庭和社会对学校教育的支持也面临着新的挑战。现代社会中，家庭的多样性和流动性增加，家庭对学校教育的参与和支持的方式也变得更加复杂。这要求学校在教育实践中能够灵活应对这些变化，形成更加包容和适应的教育策略。同时，社会对教育资源的分配和教育公平的问题，也需要得到充分的关注和解决，确保所有学生都能在公平的环境中接受优质的教育。

总体而言，家庭和社会对学校教育的支持和参与，不仅影响着教育资源的配置、教育内容的调整和教育目标的设定，也对学生的学习效果和综合素质的发展起到了关键作用。随着家庭结构和社会环境的不断变化，这种支持和参与的形式和内容也在不断演变。学校在教育职能社会化的过程中，需要充分认识到这些变化，形成有效的合作机制，以实现教育资源的优化配置和教育质量的全面提升。通过与家庭和社会的紧密合作，学校能够更好地回应学生和社会的需求，推动教育事业的不断进步。

四、文化变迁与社会风气的影响

传统文化与现代文化的碰撞在社会风气中的影响是深远且复杂的。传统文化作为社会长期以来积累的文化遗产，通常包含了稳定的价值观、行为规范和生活习惯，这些都是维系社会秩序和稳定的重要因素。然而，随着现代化进程的推进，社会的生活方式和价值观发生了急剧变化，这种变化对传统文化构成了强烈的冲击，也影响了社会风气的形成。现代化带来的第一个显著变化是信息技术的迅猛发展，信息传播的速度和广度前所未有，社交媒体和互联网将全球的信息和文化无缝连接，使得传统文化与现代文化之间的互动更加频繁且复杂。互联网的普及使得西方的流行文化和生活方式迅速传播到全球各地，这不仅改变了人们的消费习惯，还对传统文化的价值观念产生了挑战。传统的家庭观念和生活方式被现代的个人主义和消费文化所冲击，导致社会风气的多样化和不稳定。在传统社会中，家庭和集体主义的价值观占据主导地位，而现代社会则更加重视个体自由和个人选择，这种对比使得社会风气出现了新的矛盾和调整。另一个重要因素是全球化进程的加速。全球化不仅促进了经济和贸易的互动，也带来了文化的交流和融合。不同文化的碰撞和融合，使得传统文化与现代文化之间的界限变得模糊。传统文化中的一些习俗和信仰被现代化的观念所取代或重新定义。例如，传统节日的庆祝方式可能被现代的娱乐活动所替代，传统的家庭结构和生活方式也被现代的城市化进程所改变。这种融合带来了新的文化形式和风尚，但也可能导致传统文化的流失和社会风气的不稳定。此外，现代化还带来了价值观的转型。

在传统社会中，价值观念通常较为稳定和一致，而在现代社会中，个体主义、自由主义和多元化的价值观逐渐成为主流。这种转型使得传统的社会规范和行为标准不再完全适应现代社会的需求。例如，现代社会的性别角色和家庭结构的观念发生了显著变化，传统的性别分工和家庭模式被更为平等和多元的观念所取代。这种变化不仅影响了社会风气，还对个人的生活方式和价值观产生了深远的影响。这种变化既带来了新的文化形式和社会风尚，也对传统文化和社会规范提出了挑战。社会在面对这些变革时，需要积极应对和适应，以促进文化的传承与创新，维持社会的和谐与稳定。

文化变迁与社会风气之间的关系是深刻而复杂的，尤其在全球化背景下，文化的相互交流和影响加剧了这一关系的多样性和复杂性。全球化不仅使得不同文化之间的互动频繁，而且对社会风气的塑造也产生了显著影响。首先，全球化加速了跨文化的交流与融合，这种融合在一定程度上推动了文化的多元化，使得传统社会风气与现代风尚之间的界限变得模糊。不同国家和地区的文化特征通过媒体、旅行和网络等途径迅速传播，改变了人们的生活方式和价值观。例如，西方的消费主义思想、时尚潮流和生活习惯广泛传播，影响了全球范围内的社会风气，传统的习俗和价值观可能被现代化的潮流所取代。这种现象不仅体现了全球文化的交融，也反映了社会风气在多元文化影响下的变迁。其次，全球化还导致了社会风气的标准化。在全球化的影响下，某些文化特征和生活方式成为全球范围内的“标准”，这不仅导致了文化的同质化，也可能影响到本土文化的独特性和社会风气。例如，全球范围内的快餐文化和快节奏生活方式影响了传统的饮食习惯和生活节奏，使得传统的饮食文化和生活方式逐渐被现代化的标准所取代。这种标准化的趋势使得全球范围内的社会风气趋向一致，可能削弱了地方文化的多样性和独特性。总的来说，全球化对社会风气的影响是多方面的。它加速了文化的交流与融合，推动了文化的商业化和商品化，导致了文化的标准化，同时也引发了价值观的冲突和调整。这些影响在推动社会风气变迁的同时，也对传统文化和社会规范提出了挑战。社会在应对全球化带来的变化时，需要积极适应和调整，以在保持文化多样性和社会稳定的基础上，促进文化的创新与发展。

全球化对文化变迁的推动显著改变了社会风气的形成与发展，其中商业化和商品化的进程是其中一个关键因素。文化的商业化使得传统文化的表现形式和功能发生了根本性变化。文化产品的生产和消费不仅成为经济活动的重要组成部分，而且在全球市场中，文化常常被视为商品进行交易和推广。这种趋势使得文化活动、节日庆典和传统习俗在市场经济的驱动下，越来越趋向于娱乐性和消费导向。例如，传统节日如春节等，越来越多地被包装成商业节日，通过广告宣传、促销活动等形式吸引消费者，这种商业化的操作改变了节日的原本意义，更多地关注消费和盈利，而忽视了传统文化的核心价值和社会功能。文化商品化还导致了文化内容的简化和流行化。在全球市场中，为了迎合广泛的受众，文化产品常常被简化和流行化，以便更容易被消费者接受和传播。这种现象在电影、音乐、时尚等领域尤为明显。电影和音乐作品为了吸引国际市场的观众，可能会减少本土文化的元素，采用更普遍的主题和风格。这种简化和流行化虽然有助于文化产品的全球传播，但也可能导致传统文化的深层次内涵和多样性被削弱，从而影响了文化的深度和独特性。文化的商品化还带来了文化消费的不平等，在全球化的背景下，经济发达地区和国家往往能够主导文化产品的生产和推广，导致了文化消费的集中和不均衡现象。这种不平等的文化消费模式使得经济较为落后的地区和国家的传统文化可能被边缘化，难以获得广泛的认可和传播。西方国家的娱乐产业和时尚品牌占据了全球市场的主导地位，这不仅使得非西方文化的传播受到限制，还可能导致本土文化在全球化背景下失去声音和影响力。在这种背景下，社会对道德和伦理的认知可能变得更加模糊，传统的价值观念和行为规范面临挑战。这些变化在推动社会风气变迁的同时，也对文化的多样性和社会规范提出了新的挑战，促使我们在全球化的进程中思考如何在保持文化独特性和道德价值的基础上，促进文化的创新与发展。

文化的全球化不仅带来了广泛的文化交流，也引发了文化的同质化现象，这种现象对社会风气的影响尤为深远。文化同质化指的是在全球化的推动下，不同地区和国家的文化特征变得越来越相似，导致全球文化多样性的丧失。这一过程通过几个方面显著影响社会风气。第一，文化同质化使得地方性和传统性文化逐渐被全球化的主流文化所取代。全球化促进了信息和文化的快速流动，使得主流的文化形式、娱乐习惯、时尚趋势等迅速传播到世界各地，然而，在这种文化扩张的过程中，往往忽视了地方文化的独特性和多样性。西方的流行音乐、好莱坞电影和快餐文化在全球范围内的流行，使得许多地方性文化活动和传统习俗被逐渐边缘化。这种现象不仅削弱了本土文化的存在感，也使得地方文化的传承变得困难。第二，文化同质化带来了社会风气的变化，使得传统的社会价值观和行为规范受到冲击。在全球化的背景下，商业和消费文化成为社会生活的主导力量，个人主义和物质主义逐渐取代了传统的集体主义和节俭观念。比如，全球化推动的消费文化鼓励人们追求个人享受和消费升级，这种价值观在某些地方可能导致传统的家庭观念和社会责任感的弱化。与此同时，全球化还使得某些文化符号和社会风俗成为全球共通的标准，减少了文化差异的表达和尊重，从而影响了社会风气的多样性和包容性。全球化的文化产业往往集中在经济发达的国家和地区，这使得这些国家能够主导全球文化市场和消费趋势。结果是，经济较为落后的地区和国家的文化产品和市场机会被压缩，从而加剧了全球文化不平等。这种不平等不仅影响了全球文化的多样性，也影响了不同社会阶层的文化参与和文化认同感。全球化的文化产品和品牌在某些社会中成为地位和财富的象征，进一步加大了社会阶层之间的文化差距。第三，文化同质化还对个人的文化认同产生了影响。在全球化的过程中，个人在接触和吸收全球主流文化的同时，可能会感到自身文化认同的困惑和冲突。全球化的文化产品和信息流动，使得个人在全球文化的影响下形成了新的文化认同体系，但这种认同体系往往缺乏本土文化的深厚基础。个人在全球化的文化环境中，可能会经历文化认同的危机，难以找到稳定的文化归属感。这种现象在跨国移民和多文化社会中尤为明显，个人的文化认同常常在全球文化的多重影响下经历复杂的变化。综上所述，文化同质化作为全球化的重要副作用，显著影响了社会风气。它不仅导致了地方性和传统文化的逐渐消失，还改变了社会的价值观和行为规范，促进了社会阶层的文化分化，同时也影响了个人的文化认同。面对这种影响，我们需要在全球化的进程中，注重保护和弘扬地方文化的多样性，同时努力平衡全球文化的流动与本土文化的传承之间的关系，以形成更加多元和包容的社会风气。

文化全球化进程中的文化同质化现象不仅改变了人们的生活方式，还对社会风气产生了深远的影响，这一点在社会风气的全球性统一方面尤为明显。文化同质化推动了全球范围内的文化产品、习惯和价值观的普及，使得各地的社会风气趋于一致，但这种趋势并非完全积极的。全球化通过标准化的文化产品和消费模式，促进了全球范围内的文化认同和社会风气的统一，这种变化在多个层面上表现得尤为明显。全球化推动的标准化文化产品，如流行音乐、好莱坞电影、国际品牌广告等，塑造了全球范围内的文化潮流。这些标准化的文化元素在不同国家和地区被广泛接受和消费，使得原本多样化的文化景观变得趋同。人们的审美标准、娱乐习惯以及生活方式都受到全球文化潮流的影响，导致了社会风气的单一化。西方的时尚潮流和消费品在全球范围内的推广，使得许多地方的传统服饰和生活习惯被现代化的全球潮流所取代。这种文化同质化的过程，使得地方性文化的特色和多样性受到压缩，社会风气变得趋于一致，丧失了文化的丰富性和多样性。全球化带来了以个人主义、消费主义和物质主义为核心的社会价值观，这些价值观通过媒体、广告和文化产品的传播，逐渐渗透到不同国家和地区。在全球范围内，人们越来越重视个人的自我实现和消费能力，而传统的集体主义和节俭观念则被边缘化。在许多国家和地区，全球化的消费文化促使人们追求奢侈品和高消费，这种价值观的普及改变了传统的社会风气，影响了人们的生活方式和社会行为。这种价值观的变化，虽在某种程度上提升了生活水平，但也导致了社会风气的单一化和文化认同的困惑。在全球化的文化环境中，个人在接触和吸收全球主流文化的过程中，可能会经历文化认同的困惑和冲突。全球文化产品和信息的流动，使得个人的文化认同常常处于多重影响之下，难以形成稳定的文化归属感。例如，跨国移民和多文化社会中的个人，可能会在全球文化的压力和本土文化的冲突中经历认同危机。这种文化认同的困惑，使得个人在全球化的社会风气中难以找到明确的文化定位，从而影响了社会风气的多样性和包容性。这种影响虽然在一定程度上促进了全球文化的交流和融合，但也带来了文化多样性的减少和社会风气的单一化。因此，在全球化进程中，我们需要关注和保护地方文化的独特性和多样性，以实现文化的多元共存和社会风气的和谐发展。

第四章 中华优秀传统家风家教文化时代创新的路径选择

中华优秀传统家风家教文化的时代创新，需要在尊重传统精髓的基础上，结合现代社会的需求和变化，进行有机的融合和发展。必须深入挖掘和传承传统家风家教中的核心价值观，例如孝敬父母、勤俭节约、诚信待人等。这些核心价值观是中华文化的精髓，也是现代社会所急需的精神资源。应通过现代化的传播手段和教育方式，将这些传统价值观转化为易于理解和接受的现代语境，让更多人能够在日常生活中实践和体验。

家风家教的时代创新需要注重实践和体验的结合。传统文化的传承不仅仅是知识的传递，更是实践的积累和体验的深化。通过实际的生活和工作场景，家庭成员之间相互影响和学习，形成良好的家风和家教氛围。例如，在家庭生活中，父母以身作则，通过言传身教将传统美德和价值观融入日常行为中；在社区和社会中，推广志愿服务和公益活动，通过实际行动践行传统文化中的仁爱和奉献精神。

家风家教的创新还需要政策和制度的支持。政府和社会各界应当积极推动家风家教文化的传承和创新，通过制定相关政策、提供资源支持、搭建交流平台等方式，鼓励和引导家庭、学校、社区共同参与。通过建立健全家庭教育指导服务体系，为家长提供专业的家庭教育咨询和指导；通过媒体宣传和文化活动，提升全社会对传统家风家教文化的关注和认同。

第一节 挖掘中华优秀传统家风家教文化传承创新的主体内容

挖掘中华优秀传统家风家教文化传承创新的主体内容，需要在尊重和继承传统精髓的基础上，结合现代社会的发展需求，进行系统化和有机化的创新。核心价值观的传承是关键，中华优秀传统家风家教中蕴含的孝敬父母、尊老爱幼、勤俭节约、诚信待人等价值观，依然是现代社会所需要的道德准则。通过家庭、学校和社会多方面的教育和宣传，将这些核心价值观内化于心、外化于行，使其成为每个人日常生活中的行为指南。创新必须注重形式和方法的现代化。传统家风家教的传承方式主要依赖于口传心授和日常实践，但在现代社会，利用互联网和新媒体平台可以大大扩展其传播范围和影响力。例如，通过微信公众号、短视频平台等方式，制作生动有趣的家风家教故事和教育视频，吸引年轻人的关注和参与；通过线上线下相结合的形式，举办家庭教育讲座、文化沙龙和实践活动，增强公众对传统家风家教的认同和践行。家风家教文化的创新需要注重家庭、学校和社会的协同作用，家庭是家风家教的主阵地，父母作为第一任老师，其言行举止对孩子有着深远的影响。学校是家风家教的重要补充，通过设立相关课程和活动，可以系统地向学生传授和灌输传统文化知识和价值观念。社会则应当营造良好的文化氛围，通过政策支持、媒体宣传和社区活动，推动家风家教文化的广泛普及和深度认同。

家风家教文化的传承创新需要注重实践和体验的结合。传统文化的传承不仅仅是知识的积累，更是通过实践和体验将其内化为个人的行为准则和生活习惯。通过开展家庭劳动、社区服务和公益活动，让孩子在实际行动中理解和感悟传统文化的内涵和意义，从而形成良好的道德品质和行为习惯。政策和制度的保障是家风家教文化传承创新的重要支撑。政府和社会各界应当共同努力，通过制定和实施相关政策，提供资源和平台支持，推动家风家教文化的系统化和常态化传承，建立家庭教育指导服务体系，为家长提供专业的家庭教育咨询和指导；通过媒体宣传和文化活动，提升全社会对家风家教文化的重视和认同；通过立法和政策支持，保障家风家教文化的可持续发展。总之，挖掘中华优秀传统家风家教文化传承创新的主体内容是一项系统工程，涉及价值观的传承、形式和方法的现代化、家庭学校和社会的协同作用、实践和体验的结合以及政策和制度的保障。只有多方面共同努力，才能使传统家风家教文化在新时代焕发出新的生机和活力，为个人成长、家庭和谐和社会进步提供强大的文化支持。

一、诚实守信、团结友善、以和为贵

诚实守信是中华民族自古以来推崇的重要美德之一，这一美德在中国传统文化中占有非常重要的地位。中国古代儒家思想家孔子在《论语》中明确指出“人而无信，不知其可也”，意思是如果一个人不讲信用，就无法在社会上立足。孔子的这一思想不仅强调了诚信在个人品德中的重要性，还把它提升到了社会行为准则的高度。在孔子之后，孟子、荀子等儒家思想家也都强调了诚信的重要性，认为诚信是治国理政、修身齐家的基本原则。在中国历史的长河中，诚信不仅是个人行为的规范，更是国家治理的重要基石。古代的契约精神、商人的信誉制度都反映了诚信在社会生活中的重要作用，春秋战国时期的晋商和徽商，他们以诚信经营著称，赢得了广泛的社会信任，创造了辉煌的商业成就。这些历史事实表明，诚信不仅是个人道德的要求，更是社会稳定和经济繁荣的重要保障。除了儒家思想，其他中国传统文化如道家、法家也强调了诚信的重要性。道家强调自然、真实，主张顺应自然、诚实无欺；法家则通过法律制度来保障诚信，认为只有通过法律的强制力才能维护社会的诚信。总的来说，中国传统文化中对诚信的重视形成了一种深厚的文化渊源，使诚信成为中华民族的集体价值观。进入现代社会，虽然社会环境和人们的生活方式发生了巨大变化，但诚信作为一种重要的文化传统，依然具有强大的生命力。在现代社会中，诚信不仅是个人道德的体现，更是商业活动和社会治理的基础。商业活动中的合同精神、企业的社会责任，都体现了诚信在现代经济生活中的重要作用。政府治理中，诚信同样是提升公信力和治理能力的重要手段。只有政府诚信，才能赢得公众的信任和支持，实现社会的和谐与稳定。

诚实守信作为中华民族传统美德的核心内容之一，不仅在历史和文化中有着深厚的积淀，在现代社会中也依然具有重要的现实意义，然而，随着社会的快速发展和变迁，诚实守信在现代社会中的应用面临着新的挑战。在现代社会，诚实守信首先体现在商业活动中，随着市场经济的发展，诚信已经成为企业生存和发展的关键，企业只有诚信经营，才能赢得消费者的信任，获得长期的发展。在商业活动中，合同的签订和履行、产品质量的保障、售后服务的诚信等，都体现了诚信的重要性。诚信经营不仅可以树立企业的良好形象，还能带来持久的竞争力和市场份额。反之，如果企业失信，不仅会遭到消费者的抵制，还可能面临法律的制裁和经济损失。目前，在激烈的市场竞争中，有些企业为了追求短期利益，可能会出现虚假宣传、质量作假、合同欺诈等不诚信行为。这些行为不仅损害了消费者的利益，还破坏了市场的公平竞争环境，影响了社会的整体诚信水平。因此，加强对企业诚信的监管，建立健全诚信评价体系，成为保障市场健康发展的重要措施。在社会治理中，诚实守信同样具有重要作用。政府作为社会的管理者，其诚信直接关系到社会的和谐稳定和公众的信任度。政府诚信主要体现在政策的制定和执行、公共服务的提供以及信息的透明公开等方面。一个诚信的政府，能够赢得公众的信任和支持，促进社会的和谐发展，如果政府失信，可能会导致社会矛盾的激化，影响社会的稳定和发展。现实中有时会出现政府部门不作为、乱作为，甚至虚假宣传、瞒报事实等失信行为。这些行为不仅损害了政府的公信力，还影响了社会的稳定和公众的信任。因此，建立健全政府诚信制度，加强对政府行为的监督和问责，是提高政府诚信水平的重要措施。

在个人行为中，诚实守信是道德修养的重要体现。现代社会中，人们的交往更加频繁，信息交流更加快捷，诚信在个人交往中的重要性更加突出。诚实守信不仅体现在言行一致、遵守诺言上，还体现在对他人的尊重和信任上，一个诚信的人，能够赢得他人的信任和尊重，建立良好的人际关系，获得更多的社会支持和帮助。然而，在利益诱惑和社会竞争的压力下，有些人可能会出现虚假、欺骗等不诚信行为。这些行为不仅损害了他人的利益，还影响了自己的道德修养和社会评价，加强对诚信的教育，培养人们的诚信意识，成为提升个人道德修养的重要内容。现代社会的复杂性和多变性，使得诚实守信在应用中面临着诸多挑战。面对这些挑战，我们需要在继承传统美德的基础上，不断创新和发展诚信文化。通过加强教育、完善制度、强化监督等多种措施，推动诚信在商业活动、社会治理和个人行为中的广泛应用，为构建诚信、和谐的社会贡献力量。

在现代社会中，社区作为社会基本单元，承载了大量的社会活动和人际交往，是居民生活的重要场所，团结友善在增强社区凝聚力方面发挥着至关重要的作用。社区凝聚力的增强不仅能提高居民的生活质量，还能促进社会的和谐稳定和可持续发展。团结友善的社区氛围有助于提升居民的幸福感和归属感。社区是人们日常生活中最直接的社会环境，邻里关系的和谐与否直接影响着居民的生活质量。在一个充满关爱和互助的社区里，居民之间相互尊重、理解和帮助，能够形成紧密的社会网络和情感纽带。在节假日或者社区活动中，邻居们一起庆祝、共同参与，不仅能够增进彼此之间的了解和友谊，还能增强社区的集体认同感和归属感。这样的社区氛围使得居民在遇到困难时，可以迅速得到邻里的帮助和支持，增强了生活的安全感和幸福感。团结友善的社区文化有助于预防和化解矛盾冲突，在一个互助友爱的社区中，居民之间的良好互动和沟通机制可以有效地减少误解和冲突。社区内的矛盾可以通过社区会议、调解委员会等形式进行友好协商和解决，而不是通过对立和对抗的方式。这种和谐的处理方式不仅能维护社区的稳定和安全，还能促进居民之间的信任和合作。在一个团结友善的社区中，居民能够积极参与社区事务和治理，形成良好的社区自治机制，社区居民可以共同讨论和决定社区发展的重大事项，监督社区管理者的工作，提高社区治理的透明度和公正性，这样的参与机制不仅能增强居民的责任感和主人翁意识，还能提高社区公共服务的质量和效率。例如，社区中的公共设施维护、环境保护、治安管理等工作，在居民的积极参与和配合下，能够更加顺利和高效地进行，提升整个社区的生活质量和环境质量。团结友善的社区文化有助于形成良好的社会风气，促进社会的和谐发展。社区作为社会的基本单元，其风气和文化对整个社会的风气和文化有着重要影响。通过倡导和实践团结友善的价值观，我们能够营造一个和谐、友爱、互助的社区环境，提升居民的生活质量和幸福感，促进社会的和谐稳定和可持续发展。这不仅是中华优秀传统文化的重要体现，也是现代社会发展的必然要求。

在现代社会中，团结友善不仅是一种道德追求，更是推动社会实现公平正义的重要力量。通过促进社会成员间的相互理解和支持，团结友善能够在多个层面上推动公平正义的实现，进而构建更加和谐与公正的社会。团结友善可以减少社会中的不平等现象。在一个充满友善与团结的社会中，社会成员之间更容易形成相互尊重和关爱的氛围。这种氛围有助于消除社会中的偏见和歧视，使每个人都能在平等的环境中获得应有的机会。在教育和就业领域，团结友善的精神能够推动公平政策的实施，确保每个人无论其社会背景、性别、种族或其他差异如何，都能获得公平的教育和就业机会。这不仅能够提升社会成员的生活质量，还能促进社会整体的公平和进步。社会中的弱势群体，如低收入家庭、残疾人、老年人等，往往面临更多的困难和挑战，在团结友善的社会氛围中，这些群体能够获得更多的关心和帮助，社会通过各种形式的支持和救助，如社会福利、公益活动、志愿服务等，能够有效缓解这些群体的困难，帮助他们更好地融入社会。在一个团结友善的社会中，公众对公平正义的关注和呼声更为强烈，这促使政府和决策者在制定和实施政策时更加注重公平和公正，政策制定者会考虑到不同社会群体的利益，确保政策的实施不会加剧社会不平等，社会保障政策、收入再分配政策、公共服务政策等，在制定过程中会更加注重平衡各方利益，推动资源的公平分配，从而促进社会的公平正义。此外，团结友善有助于提高社会的整体道德水平和伦理标准，在团结友善的社会中，人们更加注重道德和伦理的实践，形成了良好的社会风气，高水平的道德和伦理标准能够为社会公平正义的实现提供坚实的基础。团结友善的社会氛围能够激发社会成员的责任感和参与感，鼓励更多人积极参与到推动社会公平正义的实践中去，在团结友善的环境中，个人和组织更愿意参与公益活动、慈善事业和社会服务，贡献自己的力量来改善社会状况。社会中的各类志愿服务活动、社区合作项目、公益募捐活动等，都体现了社会成员对公平正义的关注和行动。通过这些实践，社会成员不仅能够直接参与到促进公平正义的过程中，还能够增强社会的凝聚力和向心力，推动社会的整体进步。综上所述，团结友善在推动社会公平正义的实现方面发挥着重要作用。通过减少社会不平等、加强对弱势群体的关爱、推动政策和制度的公平化、提高社会的整体道德水平和伦理标准，以及激发社会成员的责任感和参与感，团结友善不仅能够有效促进社会的公平和正义的实现，还能够为构建和谐社会奠定坚实的基础。这种影响不仅反映了中华优秀传统文化的价值，也是现代社会追求公平与正义的重要要求。

以和为贵是中华优秀传统文化中的重要理念，强调和谐、包容、合作的重要性。在现代社会中，这一理念依然具有重要的现实意义，尤其在社会治理、人际关系、国际交流等多个层面，体现出其独特的价值和重要作用。然而，现代社会的复杂性和多样性也对“以和为贵”理念的传承和发展提出了新的挑战和要求。在社会治理中，“以和为贵”强调的是社会的和谐与稳定，在多元化的社会中，不同的利益群体、文化背景和价值观念之间难免会产生矛盾和冲突。如何在这些矛盾和冲突中寻求共同点，达成社会共识，是社会治理的核心问题。“以和为贵”的理念提倡通过对话、协商、妥协等方式，化解矛盾，达成共识，保持社会的和谐稳定。在社区治理中，通过居民会议、社区协商等方式，倾听居民的意见和诉求，解决社区问题，促进社区的和谐发展，这不仅有助于化解社区内部的矛盾，还能增强居民的归属感和凝聚力。然而，现代社会中的利益冲突日益复杂，有时简单的对话和协商难以解决深层次的矛盾和问题，这就需要建立健全社会治理机制，加强法治建设，确保社会公平正义，才能真正实现“以和为贵”的目标。同时，政府和社会组织也需要不断提升自身的治理能力和服务水平，才能更好地维护社会的和谐稳定。在人际关系中，“以和为贵”提倡的是人与人之间的和睦相处和互相尊重，现代社会中，人们的生活节奏加快、工作压力增大，人际交往变得更加复杂。在这种情况下，如何保持良好的人际关系，成为每个人都需要面对的问题。“以和为贵”提倡包容、理解、宽容，通过换位思考，理解他人的立场和感受，避免因误解和冲突导致人际关系紧张。例如，在家庭关系中，夫妻之间、父母与子女之间，通过相互理解、尊重和包容，能够化解矛盾、增进感情，维持家庭的和睦。然而，现代社会中的人个体意识增强，强调个人利益和权利的主张，有时会忽视对他人的尊重和包容。这就需要在社会教育中强调“以和为贵”的理念，培养人们的包容心和理解力，增强人际交往中的沟通和协调能力。同时，社会也需要为人们提供更多的交流和互动平台，促进不同群体之间的了解和沟通，减少误解和矛盾。在国际交流中，“以和为贵”体现的是国家之间的和平共处和友好合作。随着全球化的深入发展，国家之间的相互依存和联系日益紧密。如何在国际事务中坚持和平、合作、共赢的理念，推动国际关系的和谐发展，是各国共同面临的课题。“以和为贵”提倡通过对话和协商解决国际争端，通过合作实现共同发展。例如，在应对全球气候变化、反恐、卫生健康等全球性问题时，各国通过合作与协调，才能有效应对和解决这些挑战。然而，国际政治和经济格局的复杂性，使得国家间的利益冲突和竞争时有发生。坚持“以和为贵”的理念，需要各国在维护自身利益的同时，尊重他国的合法权益，遵循国际法和国际规则，推动国际关系的公平正义和稳定发展，同时，国际社会也需要加强合作机制建设，提供更多的对话和协商平台，促进国家之间的理解和信任，减少误解和冲突。总之，“以和为贵”作为中华优秀传统文化的重要理念，在现代社会中依然具有重要的现实意义。无论是在社会治理、人际关系还是国际交流中，坚持和发展这一理念，都能够有效化解矛盾，促进和谐，为构建和谐社会与和谐世界贡献力量。我们需要在传承这一理念的基础上，不断创新和发展，使其在现代社会中焕发出新的生机和活力。

二、勤俭节约、宽厚恭谦、孝老慈幼

勤俭节约作为中华民族的传统美德，历经千年而不衰，其在现代社会中的重要性愈发凸显。勤俭节约不仅仅是一种生活态度，更是一种社会责任和道德义务。首先，勤俭节约能够有效促进资源的合理利用和环境保护。在资源日益紧张、环境问题日益严重的今天，过度消费和资源浪费不仅加剧了资源的枯竭，也给环境带来了巨大的负担。勤俭节约提倡节约水、电、粮食等资源，减少不必要的开支和浪费，推动了资源的可持续利用。其次，勤俭节约有助于提高个人和家庭的经济效益。在日常生活中，合理规划和控制消费，避免过度消费和奢侈浪费，能够有效节省开支、积累财富。例如，通过制定合理的消费计划，减少不必要的开支，可以在不降低生活质量的前提下，实现经济上的节约，这种经济上的节约能够为未来的教育、医疗、养老等提供更好的经济保障，提高家庭的经济稳定性。再者，勤俭节约是一种重要的道德品质和生活方式。它不仅反映了个人对生活的态度和责任感，也体现了个人对社会资源的珍惜和对他人的尊重。勤俭节约能够培养人们的自律精神和节制能力，帮助人们形成理性消费、合理安排生活的良好习惯。例如，孩子从小接受勤俭节约的教育，能够树立正确的消费观念，避免盲目攀比和追求奢侈，培养勤俭节约的美德。这种道德品质对于个人的发展和社会的和谐具有重要的意义。此外，勤俭节约作为一种社会风尚，能够促进社会的和谐与稳定。在提倡勤俭节约的社会中，人们的消费行为更加理性，社会风气更加淳朴，这有助于减少社会矛盾和冲突，形成和谐的社会氛围。同时，勤俭节约的风尚能够减少社会对奢侈消费的追求，降低因贫富差距导致的社会紧张感，促进社会的和谐与稳定。最后，勤俭节约能够激发人们的创新与创造力，在资源有限的情况下，勤俭节约的理念鼓励人们通过创新和创造来提高资源的利用效率，通过技术创新和工艺改进，提高资源的利用率，减少浪费。同时，勤俭节约的理念也能够激发人们在日常生活中寻找新的节约方式和方法，如废物利用、旧物改造等。这种创新精神不仅能够提高资源的利用效率，还能为社会带来更多的创意和活力。综上所述，勤俭节约作为一种传统美德和现代行为准则，具有多重价值和意义。它不仅能够促进资源的合理利用和环境保护，还能提高个人与家庭的经济效益，培养良好的道德品质，促进社会和谐与稳定，激发创新与创造力。在新时代背景下，继承和发扬勤俭节约的优良传统，对于实现可持续发展和构建和谐社会具有重要的现实意义。因此，勤俭节约应当成为每个公民的自觉行动和社会风尚，共同推动社会的进步与发展。

宽厚恭谦作为中华优秀传统美德之一，历来被视为个人修养和社会和谐的重要基石。宽厚指的是宽容厚道，对待他人有包容心，不斤斤计较；恭谦则是恭敬谦虚，待人谦逊有礼，不骄傲自大。这种美德不仅在历史上发挥了重要作用，而且在现代社会中也具有深刻的现实意义。现代社会中的宽厚恭谦体现在以下几个方面。首先，宽厚恭谦有助于个人的内在修养和精神成长。在竞争激烈的现代社会，很多人倾向于急功近利，忽视了内在的修养和品德的培养。而宽厚恭谦正是帮助我们平衡内外关系的重要途径。宽厚要求我们对待他人时能够设身处地理解他人的困难和处境，从而减少冲突，增进友谊。恭谦则提醒我们时刻保持谦逊之心，不以一己之长傲视他人，从而赢得他人的尊重和信任。通过践行宽厚恭谦，我们能够提升自身的道德境界，培养积极向上的心态。其次，宽厚恭谦是构建和谐社会的重要力量。现代社会中，由于不同背景、文化和利益的碰撞，人与人之间的矛盾和冲突时有发生。宽厚恭谦作为一种调和矛盾、促进和谐的社会润滑剂，能够发挥重要作用。宽厚使我们在面对矛盾时，能够以大局为重，不计较小节，主动让步，化解冲突；恭谦则使我们在与人交往中，能够以礼相待，尊重他人的意见和权利，从而营造出和谐的人际氛围。再次，宽厚恭谦有助于培养良好的家庭氛围和亲子关系。家庭是社会的基本单元，良好的家庭氛围对于孩子的成长和家风的传承具有重要影响。父母在家庭中践行宽厚恭谦，能够为孩子树立良好的榜样，培养他们的道德品质和行为习惯。宽厚的父母能够包容孩子的错误，给予他们成长的空间和机会；恭谦的父母能够尊重孩子的个性和意见，鼓励他们自主思考和表达自己的想法。这种家庭氛围不仅有助于孩子的身心健康发展，也能够促进亲子之间的沟通和理解，增进家庭成员之间的情感纽带。最后，宽厚恭谦在国际交往和全球合作中同样具有重要意义。在全球化日益深入的今天，各国之间的交流和合作日趋频繁，国际关系的稳定和和谐尤为重要。宽厚恭谦作为中华民族的传统美德，不仅在国内发挥作用，也可以在国际交往中体现出来，增进各国人民之间的相互理解和信任。通过宽厚待人，我们能够在国际事务中展现大国风范，不计较短期利益和一己之私，积极推动全球合作和共同发展；通过恭谦有礼，我们能够尊重其他国家的文化和习俗，平等对待各国人民，建立起互信互利的国际关系。在实际生活中，践行宽厚恭谦可以通过以下几方面实现。第一，要从小事做起，培养宽厚恭谦的习惯。例如，在日常生活中，对他人的帮助和关怀要心怀感激，不吝惜表达感谢和赞美；在遇到矛盾时，主动让步，不斤斤计较，保持平和的心态。第二，要加强自身的道德修养，不断学习和反思。例如，通过阅读经典著作和接受优秀传统文化的教育，汲取智慧和力量，提升自身的道德素养；通过参加社会公益活动，增强社会责任感，培养宽厚待人的品德。第三，要注重言行一致、以身作则。宽厚恭谦不仅要体现在言辞上，更要落实到实际行动中，通过自身的榜样作用，带动和影响身边的人，共同践行这一美德。通过不断践行和传承这一美德，我们可以提升自身的道德境界，促进社会的和谐发展，构建更加美好的家庭氛围，并为国际关系的稳定和谐作出积极贡献。

孝老慈幼作为中华民族的重要传统美德之一，历来被视为家庭和睦、社会和谐的重要基石。孝老是指尊敬和赡养老人，慈幼是指关爱和抚育孩子。这种美德不仅在历史上有着深厚的积淀，而且在现代社会中也具有深刻的现实意义。家庭是社会的基本单元，家庭成员之间的和谐关系是社会稳定的重要基础。孝老表现为对父母和长辈的尊敬、关心和赡养，这不仅能够满足老年人身心的需求，还能增强家庭的凝聚力和向心力。慈幼则体现在对孩子的关爱、教育和培养上，这有助于孩子健康成长，形成良好的性格和行为习惯。孝老慈幼的家庭氛围，能够让家庭成员之间更加紧密地联系在一起，形成相互关心、相互支持的良好环境。此外，孝老慈幼有助于弘扬和传承中华优秀传统文化。孝老慈幼作为中华传统文化的重要组成部分，蕴含了丰富的道德和伦理价值。通过践行孝老慈幼，可以让年轻一代深刻理解并认同这一传统美德，从而在家庭和社会中自觉传承和发扬。比如，在家庭中通过讲述家族历史和长辈的故事，能够让孩子们感受到长辈的智慧和经验，从而增进他们对家庭的热爱和对长辈的尊敬。在学校教育中，通过开展以孝老慈幼为主题的教育活动，可以让学生们更加深入地理解这一美德的内涵，激发他们践行孝老慈幼的自觉性。在现代社会中，随着经济的发展和生活水平的提高，物质需求得到满足后，人们更加关注精神层面的追求。孝老慈幼作为一种重要的道德规范，不仅对家庭成员有要求，也对社会公众提出了关爱老年人和儿童的要求。通过倡导和践行孝老慈幼，可以增强人们的社会责任感和道德意识，推动社会风气的改善和提升。例如，通过开展孝老慈幼志愿服务活动，可以号召更多人参与到关爱老年人和儿童的行动中来，形成全社会共同关注和践行孝老慈幼的良好氛围。孝老慈幼在应对现代社会挑战方面具有重要作用，现代社会面临着人口老龄化、家庭结构变化等诸多挑战，孝老慈幼作为一种传统美德，可以为应对这些挑战提供有效的解决路径。人口老龄化问题日益严重，通过倡导孝老，可以增强子女对老年人的责任感，推动家庭和社会共同承担起赡养老人的责任，从而减轻社会养老的压力。家庭结构小型化、核心化的趋势使得家庭成员之间的联系更加紧密，慈幼可以通过强调对子女的关爱和教育，确保孩子在小家庭环境中依然能够获得全面的关怀和正确的引导，健康成长。在实际生活中，践行孝老慈幼可以通过以下几方面实现。首先，要从日常生活中的点滴做起，培养孝老慈幼的行为习惯。例如，定期看望和陪伴父母，倾听他们的心声，帮助他们解决生活中的实际困难；在与孩子相处时，多给予他们关爱和鼓励，尊重他们的意见和需求，帮助他们树立正确的价值观和人生观。其次，要加强家庭教育和社会教育的结合，通过多种形式的教育活动，宣传孝老慈幼的重要意义。例如，在家庭中可以通过家庭会议、家庭日等形式，增强家庭成员之间的沟通和交流，传递孝老慈幼的理念；在社会中可以通过媒体宣传、公益活动等方式，倡导全社会共同关注和践行孝老慈幼。最后，要注重政策和制度的保障，通过完善相关法律法规，保障老年人和儿童的权益。例如，推动养老服务体系建设，提升养老服务质量；完善儿童保护机制，确保儿童在健康、安全的环境中成长。

三、平等待人、乐于助人、遵纪守法

平等待人是中华传统美德中的重要组成部分，也是现代社会构建和谐人际关系、促进社会稳定的重要理念。它不仅意味着在待人接物时要对他人保持应有的尊重和公正，还涵盖了对不同群体、不同背景的人的理解与包容。平等待人不仅有助于个人品德的修养，更对整个社会的和谐与发展具有深远的意义。信任是人际关系的基础，而平等待人是建立信任的重要前提。无论是在家庭、学校、职场还是社会交往中，只有做到平等待人，尊重他人的人格和意见，才能赢得他人的信任和尊重。比如，在工作环境中，领导者对下属平等对待，不以职位高低来决定对待员工的态度，这不仅有助于提升团队的凝聚力和战斗力，还能激发员工的积极性和创造力。在家庭中，父母对孩子平等对待，尊重他们的独立人格和自主选择，有助于建立健康和谐的亲子关系。平等待人是社会公正的重要体现，一个公平公正的社会，是每个人都能够得到平等机会和公平待遇的社会。无论是对待弱势群体、少数民族，还是对待性别、年龄、职业等不同的群体，都应当做到平等相待，保障他们的合法权益和基本尊严。比如，政府在制定和实施公共政策时，应当充分考虑各个群体的利益和需求，确保政策的公平性和普惠性；社会组织在开展公益活动时，应当关注和帮助弱势群体，促进社会的公平与正义。平等待人有助于提升社会的整体文明水平。文明社会不仅体现在物质生活的富足和科技的进步上，更体现在人与人之间的和谐相处和道德水平的提升上。平等待人作为一种重要的文明素养，能够有效促进社会的文明进步。在日常生活中，平等待人表现为对他人礼貌谦逊、友善相待；在公共场所，平等待人表现为遵守社会公德、尊重他人权利；在网络空间，平等待人表现为理性表达意见、尊重不同观点。通过平等待人的实践，可以逐步形成和谐友善、文明礼貌的社会风尚，提升社会的整体文明水平。随着全球化进程的不断加快，世界各国和各民族之间的交流与合作日益频繁。平等待人作为一种全球化背景下的重要伦理规范，不仅有助于促进国际间的理解与合作，也有助于解决全球化带来的诸多问题。要加强教育和宣传，通过学校教育、社会宣传等多种途径，普及平等待人的理念和规范。比如，在学校教育中，可以通过课程设置、主题活动等形式，培养学生平等待人的意识和能力；在社会宣传中，可以通过媒体报道、公益广告等方式，倡导全社会共同践行平等待人。还要完善相关法律法规，保障平等待人的实施和落实。政府应当制定和完善反歧视法、平等机会法等法律法规，确保每个人都能够得到平等的机会和公平的待遇，同时加强法律的执行和监督，保障平等待人的实际效果。

乐于助人是中华传统美德的重要组成部分，是一种积极的社会行为和道德规范。它不仅体现了个人的善良与爱心，更是社会和谐与温暖的重要源泉。乐于助人不仅对被帮助者有直接的积极影响，也对帮助者和整个社会产生深远的影响。在现代社会，乐于助人依然是我们需要坚持和弘扬的重要品质。乐于助人能够促进社会的和谐与稳定，当个体在生活中遇到困难或需要帮助时，能够得到他人的及时援助，这不仅能够有效解决问题，还能增强个体对社会的认同感和归属感。帮助他人是一种无私的行为，乐于助人有助于提升个人的精神境界和道德水平，它能够培养人的同情心和责任感，提升个人的道德修养和精神境界。在帮助他人的过程中，帮助者不仅能够体验到助人为乐的快乐，还能够在帮助他人的过程中获得成长和进步。对于青少年而言，乐于助人的行为能够引导他们形成正确的价值观，树立良好的道德观念。社会公益事业的发展离不开广大乐于助人的个体和群体的支持与参与。通过志愿服务、慈善捐助等形式，乐于助人者可以积极参与到社会公益事业中，为社会的进步和发展贡献力量。许多慈善机构和公益组织依靠乐于助人的志愿者开展各类社会服务项目，为弱势群体提供帮助和支持；在社区服务、环保行动、文化传播等领域，乐于助人的行为更是发挥了重要作用，推动了社会公益事业的不断发展壮大。

遵纪守法是一个社会正常运行的基本要求，是公民道德的重要内容。它不仅关系到个人的安全和利益，更是社会稳定和国家长治久安的基石。遵纪守法不仅是对法律法规的遵守，更是一种社会责任和道德义务。丰富拓展遵纪守法的内涵和作用，可以从以下几个方面进行深入探讨。首先，遵纪守法是维护社会秩序的基础。法律法规是社会行为规范的具体体现，是维护社会秩序的重要工具。每个公民都应当严格遵守法律法规，自觉履行法律义务，做到有法必依、违法必究。只有每个人都自觉遵守法律，社会才能有序运行，公共秩序才能得到保障。其次，遵纪守法是保障公民权益的前提。法律法规不仅规定了公民的义务，也保障了公民的权利。公民只有在遵守法律的前提下，才能依法维护自身的合法权益。比如，公民在劳动权益受到侵害时，可以依法向劳动仲裁机构申诉；在消费者权益受到侵害时，可以依法向消费者保护组织投诉。通过法律途径解决纠纷，既可以保障自身权益，又可以维护社会的公平正义。再次，遵纪守法是建设法治社会的重要内容。法治社会是现代文明社会的重要标志，是实现社会公平正义的重要途径。法治社会要求每个公民都能够自觉遵守法律，尊重法律的权威，依法办事。建设法治社会需要全社会的共同努力，每个人都应当从自身做起，自觉遵守法律法规，树立法治观念，弘扬法治精神。在公共生活中，公民要自觉遵守公共秩序，尊重他人的合法权益；在网络空间中，公民要自觉遵守网络法律法规，文明上网，维护网络安全。最后，遵纪守法还有助于提升公民的道德素养和社会责任感。法律法规是最低限度的道德要求，遵纪守法是公民道德的基本体现。通过遵守法律法规，公民可以培养良好的道德素养和行为习惯，增强社会责任感。在实际生活中，践行遵纪守法可以通过以下几方面实现。第一，要加强法治教育，提高公民的法律意识和法治观念。通过学校教育、社会宣传等多种途径，普及法律知识，增强公民的法治意识。在学校教育中，可以通过开设法治课程、开展法治活动等形式，培养学生的法律意识和法治观念；在社会宣传中，可以通过媒体报道、公益广告等方式，宣传法律法规，倡导全社会共同遵纪守法。第二，要加强法律监督，确保法律法规的有效实施。政府应当加强法律监督，严厉打击违法行为，维护法律的权威，比如，在市场监管方面，政府应当加强市场监管，打击假冒伪劣商品，维护市场秩序；在环境保护方面，政府应当加强环境执法，打击环境违法行为，保护生态环境。第三，要加强法律服务，保障公民的合法权益。政府应当加强法律服务，提供便捷高效的法律援助和法律咨询，保障公民的合法权益。总之，遵纪守法作为社会和谐稳定的重要保障，不仅有助于维护社会秩序、保障公民权益、建设法治社会、提升公民的道德素养和社会责任感，还能够推动社会的文明进步。通过不断践行和弘扬遵纪守法，我们可以构建更加有序、公正、文明的社会环境，推动社会的持续发展与进步。遵纪守法不仅是一种法律要求，更是一种社会责任，每个人都应当从自身做起，自觉遵守法律法规，为社会的和谐稳定贡献自己的力量。

四、励志勉学、勇于担当、敬畏生命

励志勉学不仅是个人成长的关键，也是国家和社会进步的重要动力。它不仅激发个人的潜力，培养其学习能力和创新精神，还能够提升整个社会的知识水平和竞争力。励志勉学是个人成就的基础。每个人都希望通过努力学习和不断进步，实现自己的梦想和目标。学习是获取知识和技能的重要途径，只有通过勤奋学习，才能掌握专业知识、提高自身素质、增强竞争力。一个优秀的学生需要在学校里认真听讲，积极参与课外活动，不断扩展自己的知识面和实践能力，为未来的职业发展打下坚实基础。此外，通过励志勉学，个人可以培养坚韧不拔的精神和良好的学习习惯，这将对其一生的成长和发展产生深远影响。励志勉学是社会进步的推动力。一个国家和社会的进步离不开知识和人才的积累。通过鼓励和支持人们励志勉学，可以培养更多的创新型人才，推动科技进步和经济发展。在信息技术领域，许多成功的企业家和科学家都是通过不断学习和努力，掌握了先进的技术和知识，推动了行业的发展和进步。通过激发人们的学习动力，可以提升整个社会的知识水平和创新能力，推动社会向前发展。中华民族有着悠久的历史和灿烂的文化，通过励志勉学，可以更好地传承和发扬传统文化。古代许多伟大的思想家如孔子、孟子、老子等，都是通过不断学习和探索，为后人留下了宝贵的思想财富和文化遗产。现代社会，通过阅读经典著作、学习传统文化知识，可以加深对历史和文化的理解，增强文化自信。同时，通过励志勉学，也可以将传统文化与现代科学技术相结合，创造出新的文化形式和内容，推动文化的传承与创新。此外，励志勉学还有助于提升个人的综合素质和社会责任感。在学习过程中，个人不仅能够获得知识和技能，还能够培养良好的品德品质和社会责任感。比如，通过学习历史和政治知识，个人可以了解国家的发展历程和社会的变化，提高爱国主义精神和社会责任感；通过学习文学和艺术，个人可以陶冶情操，提升审美能力和文化素养。在实际生活中，励志勉学可以帮助个人树立正确的人生观和价值观，增强社会责任感，积极参与社会公益活动，为社会的和谐发展贡献自己的力量。当代青少年首先要树立明确的学习目标和计划，每个人都应当根据自身的兴趣和发展需要，制定科学合理的学习计划，明确学习目标和任务，做到有计划、有步骤地进行学习。其次，要培养良好的学习习惯和方法。学习不仅需要毅力和恒心，还需要科学的学习方法和技巧。通过合理安排时间、科学制定学习计划、积极参与课外活动等，可以提高学习效率和效果。最后，要注重实践和应用。学习不仅仅是获取知识，还要注重知识的应用和实践。通过参加实习、科研项目和社会实践活动，可以将所学知识应用到实际中，提高实践能力和综合素质。总之，励志勉学作为个人成长和社会进步的重要动力，不仅有助于个人实现梦想和目标，提升综合素质和社会责任感，还能够推动社会的知识积累和创新发展，促进文化的传承与创新。通过不断学习和努力，每个人都可以在追求知识和梦想的道路上不断进步，实现自身的价值和理想。励志勉学不仅是一种学习态度，更是一种积极向上的生活方式，每个人都应当珍惜学习机会，不断追求进步，为实现个人和社会的共同进步贡献力量。

勇于担当是一种重要的品质和精神，是对自己、对他人、对社会的一种责任感和使命感。它不仅是个人成长和成功的关键，也是社会和谐和进步的重要保障。勇于担当要求我们在面对挑战和困难时能够站出来，承担起应有的责任，并付诸实际行动。每个人在生活和工作中都会面临各种各样的责任，无论是对自己的未来规划，还是对家庭和社会的贡献，都需要具备勇于担当的品质。自我责任感是勇于担当的基础，它要求个人在面对自己的选择和决定时，能够认真思考，负责任地作出决定，并对自己的行为承担后果。社会是由无数个体组成的，每个人的行为和选择都会对他人和社会产生影响。勇于担当不仅要求个人对自己的行为负责，还要求对他人和社会负责。这种责任感体现在家庭、工作和社会生活的方方面面。例如，在家庭中，父母需要对孩子的成长和教育负责，子女需要回报父母的养育之恩；在工作中，员工需要对自己的工作业绩和职业道德负责，领导需要对团队的管理和发展负责；在社会中，每个公民都需要对社会的稳定和进步负责，遵守法律法规，积极参与公益事业和社会服务。在现代社会，变化和挑战无处不在，每个人都需要具备应对变化和解决问题的能力。勇于担当不仅是对责任的承担，更是对问题的积极应对和解决。具备勇于担当精神的人，能够在面对困难和挫折时不逃避、不退缩，迎难而上，寻找解决问题的方法。此外，勇于担当还是一种积极进取和不断超越自我的精神。勇于担当要求个人在面对各种挑战和机遇时，能够不断挑战自我、超越自我，实现更高的目标和追求。这种精神不仅有助于个人的成长和成功，还能够激励和带动他人共同进步。

敬畏生命是一种深刻的伦理观念，它不仅关乎个人对生命的态度，也关乎社会和人类文明的进步。敬畏生命意味着我们在面对生命时，始终保持一种尊重、保护和珍惜的态度，无论是对人类的生命，还是对动植物的生命和生态环境。首先，敬畏生命是一种对生命本质的深刻认识。生命是宇宙中最奇妙的存在，每个生命个体都是独特且不可替代的。无论是人类、动物、植物，还是微生物，都有其存在的意义和价值。敬畏生命要求我们尊重每一个生命个体，认识到其在生态系统中的重要性。通过认识生命的复杂性和多样性，我们可以更好地理解生命的价值，从而在日常生活中自觉地保护和珍惜生命。我们在面对自然环境时，应当意识到每一种植物和动物在生态系统中的作用，尊重它们的生存权利，不随意破坏自然环境。其次，敬畏生命是一种对自身和他人生命的尊重。每个人的生命都是宝贵的，我们不仅要珍惜自己的生命，还要尊重和保护他人的生命，这种尊重体现在我们对待他人的态度和行为上。敬畏生命要求我们在与他人交往时，始终保持一种平等和尊重的态度，避免对他人造成伤害或不公。比如，在工作和生活中，我们要尊重他人的劳动成果和生活方式，避免不必要的冲突和争执；在公共场所，我们要遵守社会公德，维护公共秩序，保障他人的安全和权益。再次，在面对生命的脆弱和无常时，我们应当怀有一种同情和怜悯之心，关心和帮助那些需要帮助的人。敬畏生命是一种对自然和环境的保护意识，生态环境是人类和所有生物赖以生存的基础，保护生态环境就是保护我们自己的生命。敬畏生命要求我们在日常生活中自觉地减少对环境的破坏，采取积极的措施保护自然生态。在日常生活中，我们可以通过减少使用一次性塑料制品、节约能源和水资源、分类回收垃圾等方式，减少对环境的污染和浪费；在旅行和户外活动中，我们应当遵守环保规定，不随意丢弃垃圾，不破坏自然景观。此外，敬畏生命还要求我们关注和支持环保事业，通过参与公益活动和志愿服务，为环境保护贡献力量。最后，敬畏生命还是一种对生命伦理的严肃态度。在现代科技迅速发展的背景下，人类在生命科学和医学领域取得了巨大的进步，但也面临着一系列复杂的伦理问题。比如，基因编辑、克隆技术、安乐死等问题，都涉及对生命的伦理思考。敬畏生命要求我们在进行科学研究和技术应用时，始终坚持以人为本的原则，尊重生命的尊严和价值，避免对生命造成不必要的伤害和风险。每个人都应当认识到生命的宝贵和不可替代性，自觉地珍惜和保护自己的生命和他人的生命。通过健康的生活方式和习惯，保持身体和心理的健康；通过关心和帮助他人，促进社会的和谐和进步。敬畏生命不仅是对人类生命的尊重，还包括对动植物和生态环境的保护。通过积极参与环保活动和志愿服务，我们可以为保护自然和环境贡献力量。比如，通过植树造林、保护野生动物栖息地、参与环保宣传等活动，促进生态环境的可持续发展。因此，要具备严肃的生命伦理态度。在面对复杂的伦理问题时，我们应当坚持以人为本的原则，尊重生命的尊严和价值，确保科学研究和技术应用的安全性和合理性。总之，敬畏生命是一种重要的伦理观念和社会责任，它不仅有助于个人的成长和幸福，还能够推动社会的和谐和进步。通过树立正确的生命观念，培养保护自然和环境的意识，具备严肃的生命伦理态度，每个人都可以成为一个尊重和保护生命的人，为自己、为他人、为社会贡献力量。敬畏生命不仅是一种责任，更是一种行动，每个人都应当在实际生活中不断践行，为实现个人和社会的共同进步努力奋斗！

五、爱国敬业、集体为先、公正廉洁

爱国敬业是每个公民应有的基本素养和责任，它不仅是对国家的忠诚和热爱，更是一种对工作的热情和奉献精神。爱国敬业的精神在中国历史上有着深厚的文化传统，并且在现代社会中仍然具有重要的现实意义。首先，爱国是每个公民的根本责任。作为国家的公民，我们的命运与国家的命运紧密相连，国家的强盛与稳定是我们个人幸福和发展的基础。爱国不仅是一种情感，更是一种行动，体现在我们对国家利益的维护和对国家发展的支持上。爱国主义是中华民族精神的重要组成部分，是我们团结奋斗、战胜困难的重要精神动力。无论是面对国际竞争的挑战，还是面对国内发展的困难，每个公民都应当始终保持对国家的忠诚和热爱，为国家的繁荣和进步贡献自己的力量。其次，敬业是对工作的热爱和责任。敬业精神要求我们在工作中保持高度的责任感和职业道德，无论从事何种职业，都应当以认真负责的态度对待每一项工作任务。敬业不仅是个人职业素养的体现，也是国家进步和社会发展的基石。每个行业、每个岗位都需要敬业精神的支撑，只有每个公民都认真履行自己的职责，整个社会才能实现高效运转，国家才能在激烈的国际竞争中立于不败之地。爱国敬业精神还有助于个人的成长和社会的和谐，爱国主义和敬业精神不仅能激发个人的奋斗热情，还能增强社会的凝聚力和向心力。每个公民在履行自己责任的同时，也是在为社会的和谐和进步贡献力量。习近平总书记 2022 年 6 月在四川考察调研时强调：“集中精力把自己的事情办好，不管风云变幻，无论风吹浪打，我自岿然不动。14 亿多中国人民、9500 多万党员，守好我们的岗位，做好我们的本职工作，为实现第二个百年奋斗目标、实现中华民族伟大复兴作出自己应有的贡献！”这种家国情怀和责任意识，有助于形成良好的社会氛围，使人人都能在各自的岗位上发光发热，共同推动社会的进步和国家的强盛。爱国敬业精神还体现在对公共利益的维护和对社会责任的承担上。作为公民，我们不仅要关注自己的利益，还要关注公共利益和社会的整体发展。在日常生活中，我们要自觉遵守法律法规，维护社会秩序，积极参与公益事业和志愿服务，为社会的和谐和进步贡献力量。爱国敬业精神还需要不断地传承和弘扬。青少年是祖国的未来，是民族的希望。要加强爱国主义教育，培养他们的爱国情怀和社会责任感，使他们成为有理想、有本领、有担当的新时代青年。这种教育和培养，对于国家的长远发展具有重要意义。总之，爱国敬业精神是建设强大国家的基石，是每个公民应有的基本素养和责任。通过树立爱国主义精神，增强敬业精神，我们不仅能实现个人的成长和发展，还能为国家的繁荣和社会的和谐贡献力量。在新时代新征程中，每个公民都应当践行爱国敬业精神，为实现中华民族伟大复兴的中国梦而不懈奋斗。

集体为先作为一种重要的社会价值观，是构建和谐社会、实现共同发展的核心理念。集体主义强调个人利益服从集体利益，个人价值通过集体利益的实现得到更大体现。集体主义不仅是社会稳定和发展的基础，也是个人幸福和成长的根本保障。集体为先的理念有助于增强社会凝聚力和向心力。社会是由无数个体构成的，只有当每个个体都认同并践行集体为先的价值观，整个社会才能形成强大的凝聚力。集体主义强调团结合作，倡导互助友爱，这种精神能够消除个人之间的隔阂，增强群体的凝聚力，使人们在共同的目标下携手前行。在这种凝聚力的推动下，社会各界能够共同应对挑战、战胜困难，实现更大的发展。集体主义强调每个人都应当为集体贡献自己的力量，同时也应当公平地享受集体的成果。这种理念有助于减少社会的不公平现象，促进资源的合理分配，确保每个人都能在集体中获得平等的机会和待遇。集体为先的理念有助于实现这一目标，确保每个人都能在集体中实现自己的价值。集体为先的理念有助于提高社会的整体效率和竞争力。集体主义倡导团结协作，强调个人通过集体的力量实现更大的目标。在一个高度协作的集体中，每个人都能够充分发挥自己的特长和优势，形成互补和协同效应，从而提高集体的整体效率和竞争力。我们要牢固树立共同体意识，推动形成人人尽责、人人享有的社会治理共同体，这种共同体意识能够使社会各界在共同目标下形成合力，推动社会的快速发展和进步。集体为先的理念还能够促进个人的全面发展。个人的发展离不开集体的支持和帮助，只有在集体中，个人才能获得更多的资源和机会，实现更大的成长。集体主义强调个人与集体的有机结合，个人在为集体贡献力量的同时，也能够从集体中获得更多的成长和发展机会。这种个人与集体的良性互动，能够实现个人与集体的共同进步和发展。集体为先的理念需要通过制度和文化的双重保障来实现。集体主义不仅需要通过法律和制度来保障，更需要通过文化和教育来传播和弘扬。社会各界应当共同努力，营造尊重集体、热爱集体、服务集体的良好氛围，通过各种形式的教育和宣传，使集体主义成为全社会的共同价值观。我们要坚持集体主义原则，倡导团结协作，弘扬集体主义精神，为实现中国梦共同奋斗。在新时代的征程上，全社会都应当践行集体为先的理念，共同为实现中华民族伟大复兴的中国梦而努力奋斗。

公正廉洁是社会正义的重要基石，是构建和谐社会、实现可持续发展的重要保障。它不仅是法治社会的核心价值观，也是每个公民应当遵循的基本行为准则。公正意味着公平、正义、不偏不倚，廉洁则意味着清正、廉明、不贪不腐。两者相辅相成，共同构成了一个健康、稳定、可持续发展的社会的基础。公正廉洁是社会信任的重要基石，社会信任是社会运作的重要基础，公正廉洁的制度和行为能够增强社会成员之间的信任感。只有当社会成员感受到公平正义的存在，并相信社会制度和执法机构是公正廉洁的，他们才会更加信任和支持这些制度和机构。这种信任感不仅能够增强社会的凝聚力和稳定性，还能促进社会成员积极参与社会事务，共同推动社会进步。公正廉洁是维护社会公平的重要保障。公平是社会正义的核心内容，是社会和谐的重要条件。公正廉洁的制度和行为能够确保社会资源的公平分配，维护每个社会成员的合法权益。无论是政府机构、企业组织还是个人，都应当遵循公正廉洁的原则，确保每个人都能在公平的环境中竞争和发展。这不仅有助于减少社会矛盾和冲突，还能促进社会的公平正义和可持续发展。社会治理需要有效的制度和管理手段，公正廉洁是提升治理效能的重要手段。只有在公正廉洁的基础上，社会治理才能真正做到依法治国、依法行政，才能确保社会制度和管理措施的有效实施。公正廉洁的治理方式能够增强社会的透明度和公信力，提高社会管理的效率和效果，为实现社会的长治久安提供有力保障。经济发展需要良好的制度环境和社会氛围，公正廉洁的制度和行为能够为经济发展提供良好的制度环境，只有在公正廉洁的环境中，市场才能真正发挥资源配置的决定性作用，企业才能公平竞争、诚信经营，经济才能实现健康、可持续的发展。公正廉洁的经济环境不仅能够吸引更多的投资和人才，还能提高经济运行的效率和效益，为实现高质量发展提供有力支持。此外，公正廉洁是促进社会和谐的重要因素。社会和谐需要每个社会成员的共同努力，公正廉洁是促进社会和谐的重要因素。公正廉洁的制度和行为能够减少社会不公平现象，缓解社会矛盾，增强社会的和谐度。公正廉洁不仅需要政府和执法机构的努力，还需要每个社会成员的积极参与。政府和执法机构应当严格执法、依法办事，确保公正廉洁的制度和行为落到实处。社会各界应当共同努力，营造尊重公正、崇尚廉洁的良好氛围，通过各种形式的教育和宣传，使公正廉洁成为全社会的共同价值观。公正廉洁的社会环境不仅能够促进社会的和谐发展，还能提升国家的国际形象和影响力，为实现中华民族的伟大复兴提供强大的精神动力和思想保障。

第二节　明确中华优秀传统家风家教文化传承创新的主体力量

中华优秀传统家风家教文化的传承创新，涉及多个主体力量的共同努力。这些主体力量包括家庭、学校、社会以及政府和文化机构，它们在文化传承与创新中各司其职、相辅相成，形成了一个有机的整体。家庭作为中华优秀传统家风家教文化的根基，是文化传承的第一道防线。家庭教育中的孝老爱亲、勤俭持家、尊老爱幼等价值观，是中华优秀传统文化的核心内容。家长通过言传身教，将这些传统美德传递给下一代，使孩子在潜移默化中接受并内化这些文化精髓。家庭的作用不仅在于传递文化，更在于通过日常生活中的具体实践，使传统文化得以生动体现和持续发展。学校则是文化传承与创新的重要阵地。学校通过系统的教育课程和丰富的校园文化活动，将中华优秀传统文化融入学生的学习和生活中。教师在其中扮演着关键角色，他们通过教学实践，将传统文化的精髓传递给学生，并激发产生的文化自信和创新意识。学校还通过课外活动、社团组织、文化节等形式，丰富学生的文化体验，使传统文化在学生心中生根发芽。社会是文化传承与创新的重要支持力量。社会组织、社区团体、文化机构等通过开展各种形式的文化活动，营造浓厚的文化氛围，使中华优秀传统文化在全社会得到广泛传播。媒体通过新闻报道、专题节目、影视作品等形式，大力宣传和弘扬中华优秀传统文化，增强公众的文化认同感。社会各界的共同努力，为文化传承与创新提供了广阔的空间和丰富的资源。政府和文化机构则是文化传承与创新的引领者和保障者。政府通过制定相关政策和法律法规，为中华优秀传统家风家教文化的传承创新提供制度保障。文化机构则通过研究、保护、传承和创新中华优秀传统文化，发挥智库和先锋作用。它们不仅保护文化遗产，还积极推动文化创新，使传统文化在现代社会中焕发新的生机和活力。政府还通过设立专项基金、开展文化交流与合作等方式，支持和推动中华优秀传统文化的传承与发展。在这些主体力量的共同作用下，中华优秀传统家风家教文化的传承创新形成了一个良性互动的生态系统。家庭、学校、社会以及政府和文化机构各司其职、相互配合，共同推动中华优秀传统文化的薪火相传和不断创新。这不仅有助于增强中华民族的文化自信和凝聚力，也为实现中华民族的伟大复兴提供了强大的精神动力和思想保障。

一、家庭-家风构建的直接主体

家庭成员尤其是长辈通过言传身教直接影响孩子的行为和价值观念，这一点是家风构建的重要环节。家庭是社会的基本单位，长辈作为家庭中的权威和楷模，通过自身的行为、言语和态度，潜移默化地塑造着孩子的世界观、人生观和价值观。家风不仅仅是家庭成员之间的相处之道，更是一个家庭代代相传的精神财富和文化传承。长辈的言传身教在日常生活中体现得淋漓尽致。父母在孩子成长过程中扮演着至关重要的角色。他们的言行举止、处事态度和生活方式无不在影响着孩子。比如，父母在待人接物时的礼貌、宽容和尊重，孩子们会耳濡目染，从而学会如何与他人相处；父母在面对困难和挫折时的坚韧和勇敢，也会激励孩子在面对挑战时不轻言放弃。这些生活中的点滴细节，逐渐塑造了孩子的性格和品质。家庭中的长辈不仅是道德的引导者，也是知识的传授者和经验的分享者。长辈们通过讲述家族历史、家庭故事，传递家庭的文化和传统，让孩子们了解家庭的背景和祖辈的奋斗历程。这不仅增强了孩子对家庭的认同感和归属感，也使他们在潜移默化中继承了家庭的优良传统和美德。孩子们在成长过程中，会不自觉地模仿和学习长辈的行为模式。父母在处理家庭事务时的公正、平等和民主作风，会让孩子们明白家庭中的每个人都应该受到尊重和公平对待。这些无形的教育，远比书本上的道理更加直观和深刻。此外，家庭成员之间的互动和交流也是家风传递的重要途径。家庭聚会、节庆活动、家庭会议等场合，都是长辈言传身教的良好机会。在这些活动中，长辈们通过分享经验、讨论问题、解决矛盾，向孩子们展示了如何通过沟通和合作来维持家庭的和谐和稳定。例如，在家庭聚餐时，长辈们对每个家庭成员的关心和照顾，让孩子们感受到家庭的温暖和亲情的可贵，从而在心中树立起家庭观念和责任感。

父母在家庭教育中不仅是行为的示范者，更是价值观和道德观念的引导者。家庭教育的核心在于父母通过自身的行为和言语，引导孩子形成正确的价值观和道德观念。这一过程不仅影响孩子的成长，还塑造了他们未来的人生方向和社会责任感。父母作为家风构建的直接主体，通过以下几个方面对孩子产生深远影响。首先，父母的行为举止和处事态度是孩子模仿和学习的榜样。孩子们在成长过程中，往往会观察和模仿父母的一言一行。父母在家庭中的表现，不仅影响孩子的行为方式，也潜移默化地塑造了他们的性格和品德。其次，父母的教育方式和家庭氛围对于孩子的成长环境有着重要影响。父母的教育方式决定了家庭的氛围，也直接影响孩子的心理发展和情感培养。充满关爱和尊重的家庭氛围，有助于孩子形成健康的心理和积极的情感体验。父母在教育孩子时，如果能够以平等、尊重的态度与孩子沟通交流，鼓励他们表达自己的想法和感受，孩子们会感受到被尊重和关爱，从而更加自信和积极。反之，如果家庭氛围紧张、压抑，孩子可能会变得自卑、焦虑，影响其心理健康和人格发展。家庭是文化传承的重要场所，父母的文化素养和生活习惯对孩子的文化熏陶和生活态度有着深远影响。父母在家庭中营造出良好的读书学习氛围，鼓励孩子阅读和学习，不仅有助于孩子的知识积累和思维发展，也培养了他们的学习兴趣和求知欲。例如，父母经常带孩子参观博物馆、参加文化活动，会丰富孩子的文化视野和艺术修养。父母在生活中注重健康的生活习惯，如合理饮食、适度锻炼，也会影响孩子养成良好的生活习惯，促进他们的身体健康和全面发展。

家庭是文化传承的重要场所，父母的生活习惯对孩子的健康成长有着不可忽视的重要影响。目前，在孩子的学习生活阶段，规律的作息时间对其生长发育和心理健康至关重要。父母在家庭中设定固定的作息时间表并严格遵守，可以帮助孩子形成良好的作息规律，保障充足的睡眠和休息。父母可以规定每天的睡眠时间和起床时间，避免孩子熬夜和早晨赖床，从而促进他们的身体发育和免疫力提升。父母还可以通过安排规律的学习和休息时间，让孩子在日常生活中有条不紊地进行学习和娱乐，避免过度疲劳和心理压力过大。规律的作息时间不仅可以提高孩子的学习效率和注意力，还能培养他们的时间管理能力和自律意识，为未来的学习和工作奠定良好的基础。父母在家庭中养成的运动习惯，对孩子的身体素质和心理健康也有着积极的影响。父母可以通过与孩子一起进行体育锻炼，如早晨一起跑步、周末一起进行户外活动，增强孩子的体质，培养他们热爱运动的习惯。例如，家庭可以定期组织体育活动，如骑自行车、游泳、打篮球等，不仅可以增进亲子关系，还能让孩子在运动中锻炼身体、释放压力，培养积极向上的生活态度。父母还可以通过参加社区或学校的体育活动，让孩子融入集体，增强团队合作和社交能力，培养他们的领导力和竞争意识。父母的生活习惯对孩子的心理健康和情感发展也有着深远的影响。父母在家庭中表现出的情绪管理和心理调适能力，会潜移默化地影响孩子的情绪和心理状态。例如，父母在面对生活中的挫折和困难时，能够冷静处理、积极应对，孩子也会从中学到如何调适自己的情绪、面对挑战和压力。父母还可以通过与孩子进行开放的沟通和交流，了解他们的心理状态和情感需求，及时给予关心和支持，帮助他们拥有健康的心理状态。

二、家庭－家风构建的间接主体

（一）社区和社会环境对家庭－家风构建的影响

社区和社会环境作为家庭－家风构建的重要间接主体，对家庭氛围和家风的形成有着深远的影响。积极、健康的社区环境不仅为家庭提供了日常生活的良好环境，更在精神和文化层面上影响着家庭的价值观和行为模式。社区的结构、功能及其活动，可以直接或间接地塑造家庭成员的生活方式和道德标准，从而对家风形成产生重要作用。社区的文化氛围和价值观念会渗透到家庭生活中。充满正能量的社区通常会推崇诚实、友善、互助等社会核心价值观，这些价值观会通过社区的各种活动和互动影响到家庭成员。社区内的社会服务、公共设施和支持网络，如社区服务中心、儿童托管机构、老年人活动中心等，都为家庭提供了实实在在的帮助和支持。当这些支持系统能够有效地满足家庭成员的需求时，家庭的生活压力会减少，家庭成员的生活质量也会提升。在这种情况下，家庭能够更好地关注家风建设，而不被繁重的生活负担所困扰。社区内的亲子活动和家庭教育讲座，不仅能够增强家庭成员之间的互动，还能够为家庭提供科学的育儿指导和教育建议，这对家庭价值观的培养和家风的形成具有积极的促进作用。再者，社区内的邻里关系和社会互动对家庭的影响也不可忽视。良好的邻里关系可以为家庭提供一个支持性强的社交环境，这种环境能够增强家庭成员的社会认同感和归属感。当邻里之间互帮互助、和谐相处时，家庭成员会受到正面影响，从而在家庭内部形成更加友善、互助的家风。而不良的邻里关系则可能带来负面的社会压力，影响家庭的和谐氛围。因此，建立一个和谐的社区环境对于促进家庭家风建设具有重要意义。社区的公共政策和治理措施也会影响家庭生活。政府在社区建设中的政策和措施，如环保政策、交通管理、治安维护等，直接影响到家庭的生活条件和安全感。例如，良好的治安环境能够为家庭成员提供一个安全的居住环境，有助于家庭的稳定和谐。同时，政府的公共服务政策也会影响到社区资源的配置和利用，进一步影响家庭的生活质量和家风形成。通过制定和实施有利于家庭生活的政策，政府能够为社区营造一个更加良好的环境，促进家庭的积极发展。

（二）教育体系对家庭－家风构建的间接影响

教育体系作为家庭－家风构建的间接主体，其影响深远且复杂，主要体现在教育内容、教育方法以及家庭与学校的互动等方面。教育体系不仅影响着学生的知识和能力发展，还对其品德和价值观的形成起着关键作用，从而间接影响家庭的家风构建。教育内容的设置和教育目标的设定会影响家庭成员的价值观和行为规范。现代教育体系中，品德教育和价值观教育逐渐受到重视，许多学校将诚实守信、团结友善等核心价值观融入课程和日常教学中。这些教育内容不仅在学生身上产生作用，也通过学生将学到的知识和价值观带回家庭，影响家庭氛围。当学校强调诚信的重要性，并在课堂上进行相关的案例分析和讨论时，学生会将这种价值观带入家庭，促使家庭成员在日常生活中更加注重诚实和守信，从而对家庭的家风建设产生积极影响。教育方法和教育理念的变化对家庭－家风构建也有重要作用。现代教育体系逐渐从传统的知识灌输转向以学生为中心的教育理念，强调培养学生的综合素质和能力。这种教育方法不仅关注学生成绩，还重视学生的道德发展和人格培养。学校通过开展道德讲座、社会实践活动以及团队合作项目，帮助学生形成良好的品德和行为习惯。这些教育方法使得学生在成长过程中能够形成正确的价值观，并将这些价值观带回家庭，影响家庭成员的行为和家庭氛围。团队合作的经验可以促使家庭成员更加注重团结与合作，改善家庭内部的互动模式，增强家庭的凝聚力。家校合作是现代教育的重要组成部分，家庭和学校之间的良好沟通和合作能够为学生的成长提供支持。学校通过家长会、家访以及各种沟通渠道，了解学生的家庭背景和需求，同时向家长传递教育理念和方法。这种互动不仅帮助家长更好地理解和支持学校的教育工作，还能够将学校的正面影响带入家庭，促进家庭成员的共同成长。

（三）教育环境的建设对家庭－家风构建的间接影响

教育环境的建设对家庭－家风构建产生深远的间接影响，其核心在于为学生提供了成长的背景和氛围，这种环境不仅影响学生的品德和行为，也通过学生的反应和行为模式影响到家庭的氛围。积极、健康的教育环境能够有效促进学生的全面发展，而这种发展反过来又能影响家庭的文化和风尚。首先，教育环境的物质基础对学生的心理和行为发展有重要影响。教育设施的完善程度，包括学校的硬件设施如教室、图书馆、运动场等，对学生的学习体验和生活质量起到直接作用。设施完备的校园不仅能提供更好的学习资源，还能增强学生的归属感和安全感，这有助于学生在学校中形成积极向上的态度。校园文化包括学校的价值观、行为规范、师生关系等方面。注重尊重、公平和包容的校园文化，能够帮助学生形成健全的人格和积极的价值观。学校组织的各类文化活动、道德教育课程以及班级管理方式，都会影响学生的价值观和行为习惯。如果学校倡导诚信、公平和合作，这些价值观会在学生的行为中体现出来，进而影响家庭成员的互动和家庭的整体氛围。其次，教育环境中的教师团队素质对家庭－家风构建也有着间接影响。教师不仅是知识的传授者，更是学生品德形成的重要引导者。高素质的教师团队能够通过自身的言行举止，成为学生的榜样，并在教学过程中传递正面的价值观和行为规范。当教师在处理班级事务时表现出公正和尊重，会使学生在家庭中也更加注重这些价值观，从而推动家庭成员之间更加和谐的互动。最后，学校与家庭的合作机制也是教育环境对家庭－家风构建的重要影响因素。学校通过家校联系渠道，与家庭保持沟通和合作，可以有效地将学校的教育理念和价值观传递到家庭。家校合作不仅帮助家长更好地了解学生的表现和需求，还能够使家长在教育过程中得到支持和指导。

（四）社会风气对家庭－家风构建的间接影响

社会风气作为一种广泛的社会氛围和主流价值观，对家庭－家风构建有着深远的间接影响。这种影响体现在社会风气通过塑造公众的价值观念、行为规范和生活方式，进而影响到家庭的文化氛围和成员的日常互动。社会风气不仅仅是一个宏观的社会现象，它还通过各种渠道和形式渗透到家庭生活的方方面面，进而塑造家庭的风尚和家风。社会风气的主流价值观对家庭文化的影响尤为显著。社会风气反映了一个时代的主流观念和社会共识，这些观念和共识会通过媒体、教育、公共政策等途径，影响到每个家庭成员的价值观和行为模式。当社会风气强调诚信、尊重、公平等正面价值时，这些价值观会逐渐成为社会行为的普遍准则，并被家庭成员在日常生活中所遵循。社会的行为规范和风尚常常会在潜移默化中渗透到家庭生活中，影响家庭成员的行为举止和互动模式。当社会风气推崇节俭和环保，家庭成员可能会更加自觉地在家庭生活中践行这些理念，如节约资源、减少浪费等。这种风气不仅能够塑造家庭成员的个人行为，也能促进家庭内部形成良好的生活习惯和共同目标。社会风气还通过媒体和公众讨论等渠道，影响家庭成员对各种社会现象的态度和看法，从而在家庭中引发关于这些话题的讨论和反思，进一步影响家庭文化的形成和发展。社会风气对家庭教育方式和家风建设也有着间接的影响。社会风气中的教育观念和家庭教育模式常常成为家庭教育实践的参考和借鉴。当社会普遍重视某种教育理念或方法时，家庭中的教育方式也会受到这些观念的影响。例如，社会对创新教育和个性发展的重视可能会促使家庭更加注重孩子的创造力和自主性，鼓励孩子在家庭中发挥个性和特长。这种社会风气的变化不仅影响到家庭教育的策略和方法，还能促使家庭成员在教育子女的过程中融入社会的先进观念，从而促进家庭教育质量的提升。此外，社会风气对家庭－家风的影响还体现在社会政策和制度对家庭生活的影响上。政府的公共政策和社会制度常常反映了社会的主流风气，并通过法律法规和政策措施，影响到家庭的生活方式和价值取向。例如，社会对家庭支持政策的重视，如育儿假、家庭照顾支持等，能够提升家庭成员对家庭责任和家庭价值的重视，进而促进家庭内部的和谐与稳定。这些政策和制度不仅为家庭成员提供了生活中的实际支持，也反映了社会对家庭角色和功能的认同，进一步加强了家庭－家风建设的社会基础。

三、社会 - 家风客观环境的优化

（一）政策支持与制度保障

政策支持与制度保障是优化社会 - 家风客观环境的基石，在优化社会 - 家风的客观环境方面扮演着至关重要的角色。它通过制定和实施有利于家庭和谐的法规和政策，为家庭提供了稳定的环境。政府可以通过制定明确的家庭政策来保障家庭成员的基本权益和福利。这些政策包括经济支持、育儿补贴、老年照护等，为家庭在面对经济压力和生活挑战时提供实质性的帮助。通过提供育儿津贴和税收减免可以减轻年轻家庭的经济负担，促进家庭成员在育儿和教育上的投入，同时也能提高家庭的生活质量和幸福感。此外，政府通过建立和完善家庭相关的法律法规，可以保护家庭成员的合法权益，避免家庭内部的冲突和纠纷。法律如《中华人民共和国婚姻法》《中华人民共和国继承法》和《中华人民共和国反家庭暴力法》等，为家庭提供了法律保障，使家庭成员在法律框架内解决问题，避免了法律风险和纠纷对家庭稳定的负面影响。有效的法律保障可以增强家庭的安全感和稳定感，从而为家风建设提供坚实的基础。政策支持不仅限于经济和法律方面，还包括社会服务的提供，需要配合相应的社会支持系统。政府应当建立完善的社会服务体系，为家庭提供必要的支持和帮助。政府可以通过设立社区服务中心、心理咨询机构和家庭教育培训课程，帮助家庭成员提升生活质量、维护家庭关系。社区服务中心可以组织家庭教育讲座、亲子活动和心理辅导，帮助家庭成员解决育儿问题、改善沟通技巧，并增强家庭的凝聚力。这样的服务能够弥补家庭在自我发展和教育方面的不足，为家庭提供更多的支持和资源。

（二）文化氛围与社会风尚的塑造

文化氛围与社会风尚的塑造对优化社会 - 家风的客观环境具有重要作用。积极向上、充满正能量的社会文化氛围能够有效引导家庭和个人的行为规范，提升整体社会的道德水平，从而促进良好家风的建设和传承。文化氛围的塑造离不开主流媒体和文化机构的积极参与。主流媒体通过新闻报道、电视节目、电影和社交平台等形式，传播积极的家庭观念和伦理道德，引导公众树立正确的价值观。电视台可以制作关于家庭美德的专题节目，展示一些感人至深的家庭故事和正能量的行为，这不仅能提高公众对良好家风的认识，还能激发家庭成员践行这些美德的自觉性。家庭伦理剧也能够通过生动的情节和真实的角色触动观众的情感，引发人们对家庭和家风的深刻思考。文化机构，如博物馆、图书馆和文化中心，亦在塑造社会风尚中发挥着重要作用。博物馆可以通过展览展示中华优秀传统文化和家风家教的经典案例，增强公众对传统美德的认识和认同。图书馆则可以组织读书会、讲座和研讨会，推广与家风家教相关的书籍和知识，促进家庭成员在学习和实践中提高自身的道德素养。此外，文化中心还可以举办各种文化活动，如家庭教育讲座、传统节日庆典等，加强家庭成员对传统文化的认同和传承。社会风尚的塑造还需要通过公共活动和社会倡导来实现。政府和非政府组织可以联合发起公益活动和社会宣传，倡导诚实守信、团结友善等核心价值观。例如，组织社区志愿者服务、家庭和谐大讲堂、道德模范评选等活动，能够增强社会对良好家风的认同，激励更多家庭积极践行这些价值观。同时，社会组织可以通过开展家庭教育培训和心理辅导，帮助家庭成员提升沟通技巧、提高解决冲突的能力，从而优化家庭内部的互动方式和家风建设。学校可以将传统家风家教的核心价值观融入教育内容，使学生从小接受良好的道德教育和家风熏陶。例如，开展品德教育课程、家风讲座和传统文化体验活动，不仅能够提升学生的道德素养，还能促进家庭与学校之间的沟通与合作，共同推动家风建设。

（三）社会风气与家风建设的关系

社会风气与家风建设之间存在着密不可分的关系，社会风气的健康与否直接影响着家风的形成和发展，同时家风的优劣也会在一定程度上反映和影响社会风气。社会风气作为社会整体道德风貌和行为规范的体现，不仅反映了社会的伦理价值观，还直接影响了个体家庭的文化氛围和教育方式。在这个过程中，社会风气的优化和家风建设的提升是相辅相成的。首先，社会风气的改善能够为家风建设创造有利的外部条件。在崇尚诚信、尊重道德、注重家庭和谐的社会环境中，家庭成员更容易受到正面价值观的熏陶，从而在家庭教育中自觉地践行和传承良好的家风。社会上普及诚信的宣传和教育活动，使得诚实守信成为社会共识，家庭成员在家庭教育中更倾向于以诚信为核心进行教育，从而推动良好家庭风气的形成。同样，当社会上普遍倡导节约资源、反对奢侈浪费时，家庭教育也会自然地融入这些理念，培养家庭成员节俭的生活习惯。在社会风气向善、向上发展时，家庭的家风建设也会顺应这种趋势，注重培养家庭成员的道德品质和社会责任感。其次，家风建设的成功可以反作用于社会风气，推动社会整体道德水平的提升。家庭是社会的基本单位，每个家庭的家风建设都对社会风气产生影响。注重诚信的家庭不仅会在日常生活中体现诚实守信，还会通过参与社会公益、志愿服务等方式，将这种价值观传播到社会的各个角落。这种家庭示范效应能够促进社会道德水平的提升，使得良好的家风逐步转化为社会风气的积极元素。然而，若社会风气出现不良倾向，例如虚伪、功利、奢靡等，家庭教育也可能受到负面影响，导致家风建设的难度增加。在这种情况下，家庭需要更加坚守传统的道德标准，抵制社会上的负面风气，并通过积极的家庭教育来强化家庭成员的价值观和行为规范。总的来说，社会风气与家风建设是互动关系，通过社会风气的优化，可以为家风建设创造良好的环境，而良好的家风也能反作用于社会风气，推动社会的整体进步和道德提升。因此，优化社会风气和提升家风建设应当同时进行，共同促进中华优秀传统家风家教文化的传承与创新。

第三节　丰富中华优秀传统家风家教文化传承创新方式

要丰富中华优秀传统家风家教文化的传承与创新方式，需要在坚持传统价值观的基础上，结合现代社会的实际情况和需求，探索适应时代发展的创新路径。这一过程不仅要求对传统文化的深刻理解，还需融入现代社会的特点，形成有活力和适应性的传承方式。传承与创新需要结合实际、因地制宜。中华传统家风家教文化源远流长，涵盖了诸如诚实守信、尊老爱幼、勤俭节约等核心价值观。在传承这些传统文化时，应充分考虑到不同地区、不同家庭的具体情况，因地制宜地调整教育内容和方法。在城市化进程中，传统的家风教育可以结合现代生活方式，在家庭活动、社区活动中，融入现代教育理念，使传统文化的教育更加贴近实际生活和现代社会的需求。同时，家庭教育可以借助现代科技手段，如线上教育平台、智能家居设备等，使传统的家风教育更具互动性和趣味性，提高家庭成员的参与度和认同感。要注重家庭与社会的互动。家庭作为传统家风家教文化的主要传承主体，既需要内部的培养和熏陶，也应借助社会资源和平台进行扩展。家庭可以与学校、社区、文化机构合作，共同举办文化讲座、亲子活动、传统节日庆祝等活动，普及传统家风家教文化，增强人们的认同感。同时，社会中的各类组织和机构也应发挥作用，如通过媒体宣传、公益活动等方式，提升公众对传统家风家教文化的关注和重视。社会和家庭的互动能够形成合力，共同推动传统文化的传承与创新。传统的家风家教文化虽然深具价值，但单一的传承方式可能不再适应现代社会的需求。因此，在传承传统文化的过程中，必须探索创新的形式。例如，可以通过创意设计、文艺作品、游戏化的教育方式，将传统家风家教文化以更易于接受和理解的方式呈现给现代人。通过现代科技手段，如虚拟现实、增强现实、短视频等，将传统文化的精髓生动形象地展现出来，增强其吸引力和影响力。在全球化的背景下，不同文化的交流与融合成为必然趋势。中华传统家风家教文化的传承与创新，不仅要关注本国的情况，还应放眼世界，借鉴其他文化中的优秀教育理念和实践经验。例如，借鉴西方国家在家庭教育中注重个体发展的经验，同时坚持中华传统的道德规范，可以形成更加全面和包容的家庭教育模式。这种跨文化的融合，能够为传统家风家教文化的创新提供新的视角和思路。

一、传统家风家教文化教育创新

传统家风家教文化在当代社会的教育创新中，融合现代教育理念是首要且至关重要的步骤。传统家风家教文化历来注重道德和礼仪教育，这些美德在今天依然具有重要价值。然而，当代社会的飞速发展和信息化进程对教育提出了更高要求，单纯的道德教育已经不足以应对新的社会环境。因此，必须将传统的教育内容与现代教育理念相结合，进行创新和优化。传统家风家教文化中的尊老爱幼、诚实守信等美德教育，需要与现代教育中的批判性思维和创新能力培养相结合。传统美德培养孩子的行为规范和道德素质，而现代教育理念注重孩子的独立思考和创造力。这两者的结合，不仅使孩子具备良好的品德，还能够激发他们的创新潜力。在教育过程中，可以通过传统故事和现代案例相结合的方式，鼓励孩子在继承传统美德的同时，提出自己的见解和创新方案。教育方式也需要创新，传统家风家教通常通过言传身教的方式进行，而现代教育方法更为多样化和互动化。可以采用案例教学、角色扮演等方式，将传统美德教育融入现代教学中。例如，在教学中设计一些生活中的场景，让孩子通过模拟和角色扮演，体验和理解传统美德在实际生活中的应用。这种方式不仅增强了教育的趣味性和参与度，也使孩子在实践中更加深刻地体会到传统美德的价值。传统教育中，家长和教师往往注重孩子的行为规范和道德品质，但在现代教育中，更需要关注孩子的综合素质和个性发展。因此，在评价孩子的过程中，不仅要考察他们的品德表现，还要关注他们的创新能力、合作精神和解决问题的能力。可以通过项目式学习和团队合作的方式，让孩子在解决实际问题的过程中，展现和发展他们的综合素质。融合现代教育理念进行传统家风家教文化的教育创新，是提升家庭教育效果的重要途径。这一过程中，既要坚守传统美德的核心价值，也要勇于创新和突破，通过现代教育方法和评价体系的改革，使孩子在继承传统美德的同时，具备应对未来社会挑战的能力。这样，不仅可以实现传统家风家教文化的有效传承，还能使其在新时代焕发出新的生命力，为孩子的全面发展提供有力支持。

在现代社会的背景下，传统家风家教文化教育创新的另一个重要方面是融合信息技术，促进教育内容的数字化和多样化。信息技术的迅猛发展为教育提供了新的工具和平台，使得传统家风家教文化的传承和创新具备了前所未有的可能性。信息技术的应用可以极大地丰富教育内容的呈现方式。传统的家风家教教育主要依赖于口述和书面形式，但在数字化时代，可以利用多媒体技术，将文字、图片、音频和视频等多种形式结合起来，生动直观地呈现教育内容。可以制作传统美德故事的动画片，通过视频和互动游戏等方式，让孩子在轻松愉快的氛围中学习和理解传统家风家教的核心理念。这种方式不仅能够吸引孩子的注意力，还能增强他们的学习兴趣和记忆效果。而且，信息技术可以打破时间和空间的限制，使教育资源得以广泛共享和利用。通过网络平台，优秀的传统家风家教教育资源可以传播到更广泛的受众中。信息技术还可以促进教育过程的个性化和精准化。通过大数据和人工智能技术，可以对孩子的学习行为和习惯进行分析，了解他们的兴趣和特长，从而有针对性地提出个性化的教育内容和辅导方案，通过在线测评和智能推荐系统，可以为孩子定制个性化的学习计划，帮助他们在继承传统美德的基础上发挥自己的潜力和优势。这种个性化的教育方式不仅能够增强教育效果，还能够促进孩子的全面发展和成长。

在传统家风家教文化教育创新的过程中，增强教育的互动性和参与度是一个关键因素。传统的家风家教往往是通过长辈的言传身教来进行的，缺乏现代教育理念中的互动和反馈机制。通过引入现代教育技术和方法，可以显著提升教育的互动性和参与度，从而增强教育效果。比如，利用现代信息技术可以实现教育内容的互动呈现，通过虚拟现实和增强现实技术，可以将传统家风家教的教育内容呈现得更加生动和直观，孩子们可以在虚拟世界中体验到古代家庭的生活场景、传统节日的庆祝活动，以及经典故事中的重要情节。这种沉浸式的体验不仅能够激发孩子们的学习兴趣，还能让他们在互动中加深对传统文化的理解和认同。同时，家长和教师也可以通过这些技术与孩子们进行互动，引导他们思考和讨论，从而增强教育的效果。与此同时，在线互动平台的建设可以促进家风家教教育的广泛参与。通过建立家庭教育社区或平台，家长和孩子可以随时随地参与到教育活动中来。平台可以提供丰富的教育资源，如视频课程、在线讲座、互动游戏等，供家庭成员共同学习和讨论。同时，家长和教师还可以在平台上分享教育心得和经验，进行实时的互动和交流。这种方式不仅能够增强家庭成员之间的互动，还可以让更多的家庭参与到家风家教的传承和创新中来，形成良好的教育氛围。教育游戏的应用也是增强教育互动性和参与度的重要手段，高校、企业可以通过设计寓教于乐的教育游戏，让孩子们在游戏中学习和体验传统家风家教文化，例如，可以设计一些基于传统故事和经典名著的角色扮演游戏，让孩子们在扮演角色的过程中，学习到诚信、友善、孝顺等传统美德。这种方式不仅能够让孩子们在轻松愉快的氛围中接受教育，还能增强他们的记忆和理解能力。

在传承和创新传统家风家教文化的过程中，要注重多样化的教学方式，以提升教育的吸引力和效果。传统的单一教育模式往往难以吸引现代孩子的注意力，因此，结合现代教育技术和多种教学手段，是推动家风家教文化深入人心的关键。首先，通过跨学科整合，打造综合性教育内容，可以提高学生对传统文化的兴趣和理解，可以将历史、文学、艺术、音乐等学科内容与家风家教主题相结合，设计出综合性的学习项目。学生在学习过程中，不仅能够了解传统文化的各个方面，还能通过不同学科的视角，获得更全面的认识和理解。例如，学习《论语》时，可以结合历史背景、文学赏析和书法练习，让学生在多角度的学习中，感受到传统文化的深厚底蕴。其次，采用探究式学习方法，让学生在实际问题中学习和应用家风家教理念。探究式学习强调学生的主动参与和自主探究，通过问题驱动和项目导向的方式，激发学生的好奇心和求知欲。教师可以设计一些与家风家教相关的实际问题，如社区服务项目、家庭教育调查、传统节日活动策划等，让学生在解决问题的过程中体验和实践传统文化，让学生研究如何将孝敬老人、友爱邻里等传统美德融入活动中，提升他们对家风家教理念的理解和认同。最后，我们正处于信息化社会，可以利用现代信息技术，打造数字化和互动化的学习平台，从而极大地提升教育的吸引力和效果。通过网络课程、在线教育平台、教育App等数字化手段，可以为学生提供丰富的学习资源和多样化的学习方式，引领学生自主学习和掌握家风家教相关知识。同时，数字化学习平台还可以提供个性化的学习内容和反馈，帮助学生根据自己的学习进度和兴趣选择适合的学习方式和内容，提高学习效果。

二、传统家风家教文化活动创新

举办多样化的家风家教文化活动，能够使传统文化深入人心，并在实际生活中得以体现和传承。首先，家庭是家风家教的根基，通过举办家庭内部的文化活动，如家庭读书会、家风故事分享会、家训背诵比赛等，可以使家庭成员共同参与到家风家教的学习和实践中。这样的活动不仅增强了家庭成员之间的情感联系，还让家风家教的理念在潜移默化中融入家庭生活中。每周可以固定一天作为家庭读书日，可以选择家风家教相关的书籍进行阅读和讨论，让家庭成员在交流中深化对家风家教的理解。其次，社区和学校也是传播家风家教文化的重要场所，社区可以定期举办家风家教文化讲座、家风展示活动、传统文化节活动等，邀请专家学者和优秀家庭代表进行讲解和分享，向社区居民普及家风家教知识。在传统节日期间，可以举办民俗活动和家庭联欢会，让社区居民在参与活动的同时，感受家风家教文化的魅力。学校则可以将家风家教文化纳入课程体系中，通过开设相关课程、组织家风主题班会、开展家风实践活动等方式，使学生在学习过程中了解和传承家风家教文化。最后，社会各界也可以通过举办大型文化活动和赛事，推动家风家教文化的广泛传播。例如，可以举办全国性的家风家教文化节、家风故事征文比赛、家风家训书法展览等活动，吸引公众的广泛参与和关注。这些活动不仅能够展示优秀的家风家教文化成果，还可以通过媒体的宣传报道扩大影响力，提升公众对家风家教文化的认识和认同。媒体在家风家教文化的传播中也发挥着重要作用，我们可以通过电视、广播、报纸、杂志等传统媒体，以及互联网、社交媒体、自媒体等新兴媒体，进行家风家教文化的宣传和推广，从而覆盖更广泛的受众群体。例如，可以制作家风家教专题节目、纪录片、公益广告等，通过生动的影像和真实的故事，传递家风家教文化的内涵和价值，社交媒体平台则可以通过发布家风家教文化的相关内容，如文章、图片、视频等，吸引网民的关注和参与，形成良好的舆论氛围。企业和社会组织也可以参与到家风家教文化的传承和创新中来。企业可以通过企业文化建设，将家风家教的理念融入企业的管理和发展中，培养员工的家庭观念和社会责任感。社会组织则可以通过设立家风家教文化基金，资助家风家教文化研究和活动，推动家风家教文化的持续发展和创新。例如，可以设立家风家教文化奖项，表彰在家风家教文化传承和创新中作出突出贡献的个人和家庭，激励更多的人参与到家风家教文化的传播中来。

传统家风家教文化活动创新不仅需要借助家庭和社区的力量，还必须利用社会各界的资源和平台，使其极大地推动家风家教文化的传播，扩大家风家教的影响力并激发公众参与的热情，这些活动通常具有较高的参与度和较广的传播范围，能够在全社会范围内形成对家风家教文化的关注和认同。家风故事征文比赛和家风家训书法展览等赛事，能够激励广大公众积极参与到家风家教文化的传承和创新中来。通过征文比赛，个人和家庭可以分享自己的家风家教故事，展示家风家教在生活中的具体体现，这不仅丰富了家风家教的表现形式，也促进了文化的交流与学习。书法展览则能够展示传统家风家教文献和艺术作品，通过视觉艺术的形式，使家风家教文化的精髓更加生动和直观。这些赛事和展览，不仅提升了公众对家风家教文化的认识，也激发了社会对传统文化的热情和创造力。传统媒体和新兴媒体对家风家教文化进行深入报道和宣传。例如，电视台可以制作系列纪录片，介绍各地家庭的家风家教实践和成功案例，展示不同家庭如何将传统文化融入现代生活中。广播和报纸可以开设专题栏目，报道家风家教文化的最新动态和发展成果。互联网平台和社交媒体则可以通过发布相关文章、短视频和互动活动，扩大家风家教文化的传播范围，增强其在年轻一代中的影响力。综上所述，通过社会各界的共同努力，传统家风家教文化活动能够在更广泛的范围内得到推广和传播。大型文化活动和赛事不仅为家风家教文化注入了新的活力，也使其在现代社会中找到了新的表达方式和传播渠道。这种创新的活动形式，不仅增强了家风家教文化的影响力，也推动了传统文化在新时代的传承和发展。

社会组织和企业在传统家风家教文化活动中的作用越来越显著，它们不仅可以通过资源和平台支持家风家教文化的传承与创新，还能通过多种方式增强其社会影响力和实际效果。社会组织作为纽带和桥梁，能够在各个层面推动家风家教文化的发展。它们通常拥有丰富的社会资源和广泛的人际网络，可以组织各种形式的家风家教文化活动，如研讨会、讲座、工作坊等，邀请专家学者和有影响力的文化人物参与，提供深入的文化解析和传播。通过与社区、学校、家庭等合作，社会组织能够有效地把家风家教文化融入日常生活中，提高公众对这一文化的认知和重视程度。同时，企业作为社会的重要组成部分，也在家风家教文化的推广中扮演着关键角色。许多企业意识到，家风家教文化不仅有助于提升员工的道德素养和团队协作精神，还能增强企业的社会责任感和品牌形象。企业可以通过在内部开展家风家教文化培训、举办家风家教主题活动、邀请家风家教文化专家进行讲座和交流，来推动员工在个人和家庭生活中践行家风家教的理念。此外，企业还可以通过设立专项基金，资助相关的文化研究和社区活动，支持家风家教文化的创新和传承。这不仅是企业履行社会责任的体现，也是企业文化建设的一部分，有助于提升企业的社会影响力和员工的凝聚力。社会组织和企业的合作也能进一步促进家风家教文化的创新和发展。例如，通过共同举办家风家教文化节、文化展览等活动，能够有效整合资源，形成文化传播的合力。在这些活动中，企业可以提供资金支持、场地设施等，社会组织则可以负责活动的组织和策划，两者的合作能够产生更大的社会影响力。同时，企业的参与还能够引导社会各界对家风家教文化的关注，促进更多的社会资源投入这一领域。社会组织和企业还可以通过开发家风家教文化产品，如书籍、文创产品等，将传统文化的精髓融入现代生活中。这些文化产品不仅有助于传播家风家教文化，还能够通过商业化手段获得经济效益，为文化的持续发展提供资金支持。例如，通过设计和推广以家风家教文化为主题的文创产品，如家风家训书法作品、传统文化纪念品等，能够将传统文化与现代生活结合起来，使其更加贴近大众生活。

三、网络新媒体技术创新

（一）新媒体平台的应用与推广

新媒体平台的广泛应用为中华优秀传统家风家教文化的传承与推广提供了前所未有的机遇。这些平台具有传播速度快、覆盖面广、互动性强等特点，可以在短时间内将家风家教文化传播到更广泛的受众群体中，特别是年轻人群体。通过新媒体平台，我们可以采取多种方式进行家风家教文化的推广，从而使其在现代社会中焕发新的生机和活力。首先，通过微信公众平台、微博等社交媒体，可以定期发布关于家风家教的文章和故事。这些文章可以是关于传统美德的解读、历史上著名家庭的家风故事、现代家庭传承家风的成功案例等。通过这些内容的推送，不仅可以提高读者对家风家教文化的认识，还可以引发他们对自身家庭文化的反思和讨论。例如，一篇关于孔子家风的文章，可以将对孔子家训的介绍和现代家庭实践的结合，激发读者对传统文化的兴趣和共鸣。其次，利用抖音、快手等短视频平台，可以制作生动有趣的家风家教文化短视频。这些视频可以通过真人演绎、动画制作等方式，将传统家风家教故事、名人家风介绍等内容以生动形象的方式展现出来，吸引观众的注意力。例如，可以制作一系列短视频，讲述不同历史时期的名人家风故事，通过幽默风趣的方式传递传统文化知识，让观众在轻松愉快的氛围中接受教育。另外，新媒体平台还可以通过组织线上活动，增强用户的参与感和互动性。例如，开展“我的家风故事”征文比赛，邀请用户投稿分享自己家庭的家风故事，并通过平台进行展示和评选，优秀作品还可以制作成视频或图文，在平台上进行推广。这种方式不仅可以丰富家风家教文化的内容，还可以通过用户的参与和互动，增强他们对家风家教文化的认同感和归属感。最后，新媒体平台的推广还可以借助大数据技术，实现精准推送。通过对用户行为数据的分析，了解他们的兴趣爱好和阅读习惯，有针对性地推送相关内容，提高传播的效果。例如，通过分析用户的阅读历史，可以推送他们可能感兴趣的家风家教文章或视频，从而吸引他们持续关注和参与。

（二）互动式平台与应用的开发

开发互动式平台和应用是利用新媒体技术传承和创新中华优秀传统家风家教文化的重要途径，通过互动式平台和应用，我们可以更好地将家风家教文化与现代科技相结合，提升用户的参与感和体验感，从而使传统文化在现代社会中焕发新的活力。第一，开发专门的家风家教互动式学习平台。这些平台可以包含家风家教的历史资料、经典案例、名人家训等内容，通过图文、音频、视频等多种形式呈现，让用户在多样化的学习方式中深入了解家风家教文化。一个家风家教学习平台可以包含家风故事的视频播放、名人家训的语音朗读、家教经典书籍的电子阅读等功能，用户可以根据自己的兴趣和需求选择学习内容。第二，开发家风家教主题的游戏和应用程序。可以通过寓教于乐的方式，让用户在游戏过程中学习和体验家风家教文化。游戏可以设计多个关卡，每个关卡对应一个家风家教故事或案例，用户需要通过回答问题、完成任务等方式闯关，闯关成功后可以获得奖励和积分。例如，可以开发一款家风家教主题的解谜游戏，用户需要在游戏中解开与家风家教相关的谜题，通过不同关卡，逐步了解家风家教文化的精髓。这种寓教于乐的方式，既能吸引用户的兴趣，又能让他们在轻松愉快的氛围中学习和传承家风家教文化。第三，可以开发家风家教主题的社交应用。为用户提供分享交流的平台，用户可以在平台上分享自己的家风故事、家教经验，互相学习借鉴，并进行互动交流。可以开发一款家风家教社交应用，用户可以上传自己的家风故事、家庭照片、家教心得等内容，其他用户可以点赞、评论、分享，形成一个互动交流的社区。这种社交应用不仅可以促进用户之间的交流和互动，还可以通过用户生成内容丰富的平台资源，提升家风家教文化的传播效果。第四，开发家风家教主题的沉浸式体验应用。通过增强现实和虚拟现实技术，用户可以在虚拟环境中身临其境地体验家风家教文化。企业可以开发一款家风家教的虚拟现实体验应用，用户戴上头盔后，可以进入一个虚拟的古代家庭，亲身体验古代家风家教的场景和氛围，通过与虚拟人物的互动，了解古代家风家教的内容和意义。这种沉浸式体验不仅可以增强用户的兴趣和参与感，还可以让他们更深刻地理解和感受家风家教文化的内涵。第五，开发家风家教主题的智能语音助手和聊天机器人，为用户提供随时随地的学习和咨询服务。用户可以通过语音或文字与智能助手或机器人进行互动，获取家风家教的相关知识和建议。用户可以通过语音提问，获取家风家教的知识和建议，智能助手可以根据用户的需求，提供相应的解答和资源推荐。这种方式不仅方便快捷，还可以通过个性化服务提升用户的满意度和学习效果。

（三）培养数字素养，提高新媒体技术的使用能力

在数字时代，提升居民的数字素养和新媒体技术的使用能力，是推动家风家教文化创新传播的关键步骤。培养居民的数字素养，可以增强他们对新媒体技术的掌握和应用能力，从而更有效地利用这些工具进行家风家教文化的学习和传播。这一过程可以通过以下几个方面来实现。首先，社区应提供数字素养培训课程，帮助居民掌握基本的数字技能。许多居民尤其是中老年

群体，对新媒体技术的了解和使用还处于初级阶段。社区可以定期举办数字素养培训班，教授居民如何使用智能手机、电脑、平板等设备，以及如何操作常见的社交媒体平台、搜索引擎和电子邮件等基础应用。这些课程应结合实际应用场景，提供操作演示和实践练习，确保居民能够真正掌握和应用这些技能。社区可以邀请专业教师或志愿者，组织居民进行分组学习和操作演练，帮助他们逐步熟悉和掌握新媒体技术的使用方法。其次，社区应鼓励和引导居民积极参与线上家风家教活动。开展丰富多样的线上活动，可以激发居民的参与兴趣，增强他们对新媒体技术的使用体验。社区可以举办线上家风故事分享会、家教经验交流会、线上讲座和直播课程等活动，让居民在参与中不断提升数字素养。再次，社区应建立数字资源库，提供丰富的家风家教文化学习资料。通过建立线上数字资源库，社区可以集中和整合各类家风家教文化的学习资源，包括电子书、音视频课程、在线讲座、专家访谈等，供居民随时随地进行学习。社区应定期更新资源库内容，确保其丰富性和时效性，与教育机构、图书馆、文化中心等合作，引进优质的家风家教资源，并向居民开放访问社区网站和下载 App 权限。同时，社区可以为居民提供资源使用指南和学习建议，帮助他们选择适合的学习资料，提高学习效果。为了进一步提升居民的数字素养，社区还可以组织数字技术应用比赛和评比活动，以此激发居民的学习热情和创新思维，推动他们积极探索和应用新媒体技术。例如，社区可以举办“最美家风故事”短视频大赛，鼓励居民用短视频记录和展示家庭的优秀家风故事，并通过线上评比和投票，评选出最佳作品。此外，社区还可以举办“数字家教达人”评选活动，鼓励居民分享他们在家风家教方面的数字化创新经验，并对优秀的创新实践进行表彰和推广。最后，社区应建立常态化的数字素养提升机制，形成长期有效的数字教育体系。通过建立常态化的培训和学习机制，社区可以持续推动居民数字素养的提升。社区可以设立数字素养培训中心，配备专职教师和志愿者，定期开展各类培训课程和学习活动。社区还可以建立居民数字素养档案，记录居民的培训和学习情况，跟踪和评估他们的数字素养水平，并根据评估结果，提供个性化的学习建议和培训计划。例如，社区可以为每个居民建立个人学习档案，记录他们参加培训的次数、学习的内容和取得的成绩，并根据档案内容，定期开展针对性的培训和辅导，帮助居民不断提升数字素养。

第四节 优化中华优秀传统家风家教文化传承创新环境

一、以家庭为起点塑造优良家风

父母作为孩子的第一任老师，其言行举止在孩子的成长过程中起着至关重要的作用。父母的行为直接影响着孩子的价值观和行为习惯，因此，以身作则是父母教育孩子最为重要的方法之一。诚信是中华优秀传统文化的重要内容之一，父母在日常生活中应当注重诚信，做到言出必行。例如，在答应孩子某件事情时，无论多忙都要兑现承诺，这样可以让孩子学会信守诺言的重要性。反之，如果父母经常食言，孩子可能会认为说话不算数是可以接受的，从而养成不良的习惯。父母应当在日常生活中表现出对他人的尊重和礼貌，比如在公共场所不大声喧哗，待人接物时使用礼貌用语等。这些行为会潜移默化地影响孩子，让他们学会礼貌待人、尊重他人，形成良好的人际关系。同时，父母应当重视自身的学习和成长，以身作则，注重提升自己的文化素养和知识水平。父母可以通过阅读、参加培训等方式不断提升自己，成为孩子学习的榜样。此外，父母在面对挫折和困难时的态度也会影响孩子的心理素质和应对能力。当父母在遇到问题时表现出积极乐观、勇于面对的态度，孩子也会从中学会如何应对生活中的挑战。例如，当家庭遇到经济困难时，父母如果能够冷静应对，积极寻找解决办法，而不是消极抱怨，这种积极的态度会帮助孩子树立正确的价值观，增强他们的抗压能力和解决问题的能力。父母的以身作则不仅仅局限于家庭内部，还应体现在社会生活中。在社区、学校等公共场所，父母应当展示出良好的公民意识和社会责任感。例如，参与社区服务活动，积极帮助他人，这些行为不仅可以为孩子树立榜样，还能培养孩子的社会责任感和公德心。

和谐的家庭氛围对于孩子的身心健康和人格发展至关重要。家庭是孩子成长的第一环境，充满爱与温暖的家庭氛围，不仅能让孩子感受到安全感和归属感，还能促进他们形成积极的心理状态和健康的人格。家庭成员之间的良好沟通是营造和谐家庭氛围的基础。父母应当注重与孩子进行有效的沟通，倾听孩子的心声，理解他们的需求和感受。在日常生活中，父母可以通过与孩子进行亲密的对话，分享彼此的日常经历和情感。比如，晚餐时间可以成为家庭成员交流的好时机，大家可以围坐在一起，谈论一天的见闻和感受，这不仅能增进家庭成员之间的情感联系，还能帮助孩子学会表达自己的想法和情感，增强他们的语言表达能力和社交技能。父母应当尊重孩子的个性和意见，给予他们一定的自由和空间。比如，在孩子选择兴趣爱好和职业方向时，父母应当给予支持和鼓励，而不是强行干涉和限制。同时，父母之间也应当相互尊重，保持平等的关系，为孩子树立良好的夫妻相处榜样。充满尊重和包容的家庭氛围，不仅能让孩子感受到被爱和被认可，还能促进他们自信和自尊的形成。家庭活动是增进家庭成员之间感情的重要途径，也是营造和谐家庭氛围的有效方式。父母可以定期组织一些家庭活动，比如外出旅游、家庭聚会、共同参与体育运动等，这些活动不仅能让家庭成员享受快乐的时光，还能增强彼此之间的联系和了解。同时，家庭成员之间的相互关心和帮助也是营造和谐家庭氛围的重要内容。父母应当关注孩子的学习和生活，及时发现他们的需求和困难，并给予适当的帮助和指导，孩子在学习上遇到困难时，父母可以耐心辅导，帮助他们解决问题，增强他们的学习信心和兴趣。同样，孩子也应当学会关心父母，比如在父母工作忙碌时，主动承担一些家务劳动，减轻父母的负担。在充满关心和互助的家庭环境中，孩子不仅能学会感恩和奉献，还能培养他们的责任感和合作精神。家庭成员之间的积极互动和正能量的传递是形成和谐家庭氛围的重要保障。父母应当注重传递积极向上的价值观和生活态度，为孩子树立良好的榜样。比如，面对生活中的困难和挑战，父母应当保持乐观和积极的心态，勇于面对和解决问题。这种积极的态度不仅能影响孩子的心理状态，还能帮助他们形成积极向上的人生观和价值观。此外，家庭成员之间的赞美和鼓励也是传递正能量的重要方式，父母应当经常对孩子的进步和优点给予肯定和表扬，增强他们的自信心和成就感。

家庭是孩子成长的第一课堂，而父母则是孩子最重要的老师。父母的言行举止、价值观念和生活态度，对孩子的影响深远而持久。因此，树立良好的榜样示范作用，是塑造优良家风的重要内容。孩子的模仿能力极强，尤其是在幼年时期，父母的行为举止很容易成为他们效仿的对象。父母在日常生活中应当礼貌待人、遵守社会公德、维护公共秩序，这些行为都会潜移默化地影响孩子的品德和行为习惯。讲诚信的父母，往往能培养出诚实守信的孩子；遵守交通规则的父母，往往能培养出文明出行的孩子。父母应当通过实际行动，展示出家庭成员之间的关心和帮助，为孩子树立起互助友爱的榜样。父母可以通过日常的家务劳动、节日的礼物互赠、共同的休闲娱乐等方式，增进家庭成员之间的感情联系，培养孩子的感恩之心和友爱精神。在这样充满关爱和互助的家庭环境中，孩子不仅能感受到家庭的温暖和幸福，还能学会关心他人、乐于助人，形成积极向上的人际关系和社会责任感。在这样的家庭环境中成长，孩子不仅能快乐、自信地发展，还能成为有责任感、有担当的社会公民，为社会的和谐发展贡献自己的力量。

树立良好的家庭作风和建立严明的家庭纪律是塑造优良家风的关键。家庭作风和纪律不仅体现了家庭的道德标准和行为规范，还直接影响着孩子的成长和发展。通过建立良好的家庭作风和纪律，父母可以为孩子营造一个有序、和谐的家庭环境，帮助他们养成良好的行为习惯和道德品质。父母应当以身作则，展示诚实守信、勤奋努力、尊重他人等优良品质。家庭纪律的建立有助于孩子养成良好的行为习惯和自我管理能力，严明的家庭纪律能够为孩子提供明确的行为规范和约束，帮助他们理解什么是对的、什么是错的。父母应当根据孩子的年龄和发展阶段，制定合理的家庭规则，并坚持执行。可以规定孩子的作息时间、学习时间、娱乐时间等，帮助他们养成良好的生活习惯和时间管理能力。同时，父母还应当在家庭规则的制定和执行过程中，注重与孩子的沟通和解释，让他们理解规则的意义和重要性。在这样的环境中，孩子能够学会遵守规则、承担责任，形成良好的自律能力和社会责任感。另外，父母在建立家庭纪律的过程中，应当注重公平和一致性，避免双重标准和随意性。公平和一致的纪律执行能够增强孩子对规则的认同感和信任感，帮助他们形成正确的价值观。同时，父母还应当保持纪律的稳定性和连续性，不随意改变规则或例外处理。在这样的环境中，孩子能够感受到家庭的公正和稳定，从而更容易接受和遵守家庭纪律，形成良好的行为习惯和道德品质。此外，父母在建立家庭纪律的过程中，还应当注重奖励和惩罚的平衡。奖励和惩罚是纪律教育的重要手段，能够有效引导孩子的行为和发展。父母应当根据孩子的表现给予相应的奖励和惩罚，以帮助他们理解行为的后果和责任。例如，对于孩子的良好行为和进步，父母可以给予表扬和奖励，如口头表扬、物质奖励等，增强他们的自信心和积极性。而对于孩子的不良行为和错误，父母应当给予适当的惩罚，如暂时取消某些特权、要求他们改正错误等，以帮助他们认识到行为的后果并改正错误。在这样的环境中，孩子能够学会自我反省和自我控制，形成良好的行为习惯和道德品质。父母在树立家庭作风和建立家庭纪律的过程中，应当注重与孩子的沟通和交流。良好的家庭沟通不仅有助于解决家庭矛盾，还能增强家庭成员之间的理解和信任。父母应当通过与孩子的交流，了解他们的想法和感受，倾听他们的意见和建议。例如，可以通过家庭会议、亲子谈话等形式，讨论家庭规则和作风的制定和执行，让孩子参与其中，增强他们的责任感和主人翁意识。在这样的环境中，孩子能够感受到家庭的尊重和关爱，从而更容易接受和遵守家庭作风和纪律，形成良好的行为习惯和道德品质。

二、以学校为阵地加强校风建设

建立明确的校风建设目标和标准是强化校风建设的基础和前提。要实现这一目标，学校首先需要对自身的教育理念、办学特色和学生需求进行深入分析，以确保制定的目标和标准具有针对性和实效性。具体而言，学校应从以下几个方面入手：第一，制定目标和标准的依据。学校需要明确校风建设的总体目标。这些目标应与学校的办学宗旨和教育目标紧密结合。例如，如果学校的办学宗旨是培养综合素质高、具备社会责任感的学生，那么校风建设的目标就应包括提升学生的道德修养、增强集体主义精神、培养积极向上的生活态度等。此外，学校还应根据学生的实际情况和社会发展需求，制定相应的子目标，如提升学生的创新能力、合作能力和自我管理能力等。第二，设立具体的实施标准。在明确了总体目标之后，学校需要制定具体的实施标准，以便对校风建设的进展进行量化评估。这些标准应包括具体的行为规范、道德要求、学习态度等方面。例如，学校可以制定学生在课堂上的行为规范、课外活动的参与度、对学校规章制度的遵守情况等具体指标。同时，学校应建立完善的评价体系，对学生的表现进行定期评估，并根据评估结果进行调整和改进。第三，制订实施方案和措施。为了实现既定的目标和标准，学校需要制订详细的实施方案和措施。这些方案和措施应包括具体的活动安排、教育培训、宣传推广等内容。学校可以通过组织道德讲座、主题班会、校园文化活动等形式，增强学生的道德意识和行为规范意识。此外，学校还应制定相应的奖惩机制，对表现优异的学生给予奖励，对违反规范的学生进行教育和改正。第四，确保全员参与和落实。校风建设的成功离不开全体师生和家长的共同参与。学校应通过多种途径，确保全员参与到校风建设中来。应通过定期召开校风建设动员大会、发布校风建设相关文件、建立校风建设工作小组等形式，明确各方的责任和任务。同时，学校还应鼓励师生和家长积极参与校风建设活动，形成良好的校风建设氛围。第五，定期评估和改进。为了确保校风建设目标的实现，学校应定期对实施情况进行评估和总结。对校风建设的各项措施的效果进行评估，收集师生和家长的反馈意见，分析存在的问题和不足。根据评估结果，学校应及时调整和改进校风建设的目标和标准，确保校风建设工作的持续改进和不断优化。

强化教师队伍建设是实现优良校风的重要基础。一个高素质的教师队伍不仅能够提供高质量的教学，还能通过言传身教树立良好的校风。因此，强化教师队伍建设应从以下几个方面入手：第一，招聘和选拔高素质教师。教师队伍的质量首先取决于招聘和选拔的标准。学校应建立科学、严谨的招聘机制，确保选拔到德才兼备的教师。在招聘过程中，除了考察应聘者的学术背景和专业能力，还应重视其教育理念、职业道德和沟通能力。通过多轮面试、模拟教学和心理测试等方式，全面评估应聘者的综合素质，以确保新教师能够胜任教学工作，并适应学校的文化氛围。第二，提供持续的专业培训和发展机会。教师的专业发展是提高教学质量和校风建设的重要因素。学校应定期组织各种形式的专业培训，如教育理论讲座、教学技能研讨、教育技术培训等，帮助教师不断更新知识、提高教学能力。此外，学校还应鼓励教师参加外部的学术交流和培训，拓宽视野，吸取先进的教育理念和方法。通过建立教师成长档案，跟踪教师的发展情况，为其制定个性化的培训计划，确保教师的专业发展与学校的需求相匹配。第三，建立完善的激励和评价机制。教师的工作积极性和教学质量与其激励机制密切相关。学校应建立科学的教师绩效考核体系，依据教师的教学效果、学生反馈、科研成果等多个维度进行评价。对表现优秀的教师给予适当的奖励，如晋升、奖金、荣誉称号等，激励教师不断提升自身水平。同时，学校还应建立完善的反馈机制，及时了解教师在工作中的困难和需求，并提供支持和帮助，以增强教师的工作满意度和归属感。第四，推动教师团队协作与交流。教师的团队协作和交流对提高整体教学水平和校风建设具有重要作用。学校应鼓励教师之间进行经验分享、教学合作和跨学科交流，通过定期的教研活动和团队合作项目，提升教师的协作能力和集体意识。此外，学校还可以建立教师学习共同体，促进教师在教育理念、教学方法和教育技术等方面的互相学习和借鉴，从而共同提高教学质量和校风建设水平。第五，加强教师的职业道德和心理健康教育。教师的职业道德和心理健康对教学质量和校风建设具有直接影响。学校应组织职业道德培训，强化教师的责任感和使命感，使其在教学中始终保持高尚的品德和职业操守。此外，学校还应关注教师的心理健康，提供必要的心理支持和辅导服务，帮助教师应对工作压力和情绪问题，维护良好的心理状态，从而保证其能够以积极的态度投入教学工作。第六，构建支持性环境。学校应构建支持性环境，为教师提供良好的工作条件和资源支持。例如，配备先进的教学设施、提供充足的教学资源、设立教研和备课室等，提升教师的工作效率和教学质量。同时，学校应重视教师工作、生活的平衡，合理安排教师的工作，关注其生活福利，为其创造轻松愉快的工作氛围。通过上述措施，学校能够有效提升教师队伍的整体素质和专业能力，增强教师的工作积极性和满意度，从而在教学过程中更好地践行优良的校风，推动学校整体文化的发展和进步。

营造积极向上的校园文化是学校整体教育质量和师生幸福感的重要基础，

其关键在于构建一个激励创新、鼓励合作、尊重多样性并且充满关怀的环境。要实现这一目标，学校需要从多个方面着手，形成全方位的文化建设体系，以激发师生的积极性和创造力，推动学校的全面发展。学校需要明确并推广积极向上的核心价值观和文化理念。这些价值观和理念应包括诚信、尊重、责任、合作、创新等基本原则，明确学校的文化导向和教育目标。通过在学校的各个层面——从日常管理、教学活动到校园宣传——推广这些核心价值观，可以逐步形成统一而积极的校园文化氛围。可以在校园内设立标语和宣传板，定期举办主题讲座和文化活动，让师生在潜移默化中接受这些文化理念的影响。同时，学校领导和教师应以身作则，践行这些价值观，将其融入日常教学和管理中，带动全体师生共同践行。校园文化活动的多样化和创新性对营造积极向上的氛围至关重要。学校可以举办“校园文化节”，涵盖文学、音乐、舞蹈、科技等多个方面的展示和比赛，让师生展示才艺、交流思想，并获得认可和鼓励。对于创新性的校园活动，如创客空间的设立、社会服务项目的组织等，不仅能够拓宽师生的视野，还能提升他们的实际动手能力和社会责任感。鼓励学生参与校园治理和文化建设，能够有效增强其对校园文化的认同感和归属感。学校应为学生提供参与决策和文化建设的机会，如设立学生会、学生代表大会、校园文化委员会等，让学生在这些平台上表达意见、提出建议，并参与实际的文化活动策划与实施。这不仅能够培养学生的组织能力和领导能力，还能够让他们在实践中体验校园文化的建设过程，提高对校园文化的认同和责任感。学生会可以负责组织和策划校园文化活动，收集和反馈师生对校园文化的意见和建议，协助学校制定和调整相关政策。通过这种方式，学生能够真正感受到自己是校园文化建设的一部分，增强参与感和归属感。学校应注重心理健康和人文关怀，创建温暖和谐的校园环境。积极向上的校园文化不仅仅是外在活动和价值观的体现，更需要关注师生的心理健康和情感需求。学校应设立心理咨询中心，为师生提供心理支持和辅导，帮助他们解决生活和学习中的困惑与压力。同时，学校还应开展人文关怀活动，如关爱留守儿童、帮助贫困学生、关注教师的职业发展等，关注每一个个体的需求和困难，营造关爱与支持的校园氛围。通过举办心理健康讲座、开展心理辅导活动等措施，增强师生的心理素质和应对能力，使他们能够在积极、健康的环境中成长和发展。利用现代技术手段来推动校园文化的传播和发展也是不可忽视的一部分。学校可以利用网络平台、社交媒体、校园信息化系统等技术工具，发布校园文化活动信息、分享师生风采、传播学校的核心价值观。这不仅能够扩大校园文化的影响力，还能够提高师生的参与度和互动性。通过这些措施，学校不仅能够有效营造积极向上的校园文化，还能够提升整体教育质量和师生的幸福感。充满活力、关爱和尊重的校园环境，将为学生提供更好的成长空间，也为学校的长远发展奠定坚实的基础。

加强学生行为规范教育是塑造积极向上校园文化的重要组成部分，旨在通过系统化的教育和实践活动，提升学生的道德素养和行为规范，促进其全面发展。实现这一目标需要从多个方面入手，通过明确的教育目标、系统的教学策略、有效的管理措施以及广泛的社会参与，形成良好的行为规范教育体系。明确的教育目标是学生行为规范教育的基础。学校应制定明确的行为规范教育目标，包括树立正确的价值观、培养良好的道德品质、提升社会责任感等。这些目标应与学校的总体教育目标相一致，并充分考虑学生的年龄特点和发展阶段。对于小学生，行为规范教育可以侧重于培养基本的礼仪、诚实守信等简单行为规范；而对于中学生和高中生，则可以进一步深入到法律法规、社会伦理和职业道德等方面，帮助他们建立起更为全面的行为规范体系。学校可以将行为规范教育融入日常课程中，通过课内教学、班级活动和校内讲座等形式，将行为规范的相关知识传授给学生。学校可以开设专门的道德教育课程，通过案例分析、情景模拟等方法，让学生深入理解行为规范的内涵和重要性。此外，学校还可以结合实际，组织班级讨论、主题讲座、角色扮演等活动，让学生在互动中体验和学习行为规范。可以通过模拟法庭活动，让学生体验法律规范，增强法治意识；通过组织志愿服务活动，培养其社会责任感和集体主义精神。有效的管理措施也是行为规范教育的重要保障。学校应建立健全行为规范管理体系，包括明确的纪律规定、合理的奖惩机制和有效的监督管理。明确的纪律规定应包括具体的行为标准和违纪处理办法，做到有章可循、公正透明。学校可以设立专门的纪律委员会，负责对学生行为的监督和管理，并对违纪行为进行公正处理。同时，建立合理的奖惩机制也是促进学生行为规范的重要手段。对于遵守行为规范的学生，学校应给予积极的奖励和表彰，如颁发奖状、给予荣誉称号等，以激励学生的良好行为；而对于违反规范的学生，则应给予适当的教育和处罚，以帮助其认识错误并改正。奖惩措施应公平公正、公开透明，并注意对学生进行耐心的教育和引导，使其在认识错误的同时，能够自觉遵守规范。广泛的社会参与也是推动行为规范教育的重要因素。此外，学校还可以组织学生参与社会实践活动，如参观法律机关、参与社区服务等，让学生在实际体验中感受社会规范和行为标准。通过这些社会实践活动，学生能够更好地理解和内化行为规范，并将其运用到实际生活中。校园文化建设和环境氛围的营造也是行为规范教育的重要方面。学校应通过校园文化建设，营造良好的行为规范氛围。可以在校园内设立行为规范宣传栏，展示遵守规范的典型事例；组织“文明班级”评选活动，鼓励班级之间相互学习、共同进步。

注重家校合作，共同促进校风建设是提高学校教育质量和学生综合素质的重要策略。家庭和学校作为学生成长过程中的两个重要环境，它们在学生教育中各自承担着不同而又互补的角色，只有通过有效的合作，才能形成合力，共同推动校风的改善和提升。首先，家校合作可以通过明确共同的教育目标和价值观来强化校风建设。学校和家庭应当对教育目标有共同的认识与认同，这包括对学生品德、学业、行为规范等方面的期待。建立定期的沟通机制，例如定期的家长会、学校与家长的沟通平台和共同制定的教育计划，可以帮助学校和家庭在教育理念和目标上达成一致。通过共同的目标，家校双方可以有效地协调教育策略，避免因教育目标不一致而导致的矛盾，从而形成统一的教育合力，推动学校良好校风的形成与巩固。其次，家校合作的关键在于建立高效的沟通机制和合作平台。学校可以设立专门的家长委员会，定期组织家长会议，邀请家长参与学校的决策过程，听取家长对学校教育工作的意见和建议。同时，学校也应通过家校联系册、家长微信群等日常沟通工具，使家长能够随时了解学生在校的表现，学校也可以及时向家长反馈学生的进展和问题。再次，家庭教育与学校教育的有效结合对于校风建设至关重要。学校应向家长普及教育理念和行为规范，为家长提供有效的教育指导。同时，学校还应在学生的行为规范和价值观培养方面与家庭形成一致的教育方向。学校在课堂上强调的良好行为习惯，学校可以建议家长在家庭中也予以强化，通过家庭作业、日常生活中的规则来促进学生的行为规范养成。通过将学校教育和家庭教育有机结合，形成教育合力，能够使学生在两个环境中都受到一致的教育，进一步促进校风的良好建设。最后，家校合作还应注重对学生的共同关怀和支持。学校和家庭应共同关注学生的成长需求，及时识别和解决学生面临的问题。对于学生的心理健康、学习困难、行为问题等，学校和家庭应共同关注，制定综合的支持措施。学校可以为学生提供心理咨询服务，家长则应关注学生的情感变化，及时沟通解决问题。此外，学校和家庭还应鼓励学生参与课外活动、社会实践等，促进学生的全面发展。通过共同的关怀和支持，学校和家庭能够帮助学生更好地适应学习生活，提升其综合素质，促进积极向上的校风建设。家校合作的实效性还体现在对成功经验的总结和推广上。学校可以定期总结家校合作中的成功经验和实践案例，并将其推广至更多的家庭和学校。可以通过学校的官网、家长通讯、校报等渠道分享成功的家校合作案例，提供具体的操作指南和建议。家长也可以通过相互交流，分享在家校合作中的成功经验和方法，从而促进家校合作的普及和深化。通过总结和推广成功经验，能够提升家校合作的整体水平，为更多的学校和家庭提供借鉴和指导，从而进一步推动校风建设的进步。通过以上措施，家校合作能够在校风建设中发挥重要作用，促进学校教育质量的提升，推动学生的全面发展。家庭和学校的紧密合作不仅能够为学生提供更为全面和一致的教育，还能够形成良好的教育氛围，进一步推动学校的整体进步。

三、以社会为依托培育良好风尚

政府作为社会的管理者和引导者，在培育良好风尚中起着关键作用。首先，政府可以通过制定和实施相关政策，系统地推动社会文明建设。例如，政府可以出台文明行为促进条例，明确规定公民在公共场所应遵守的行为准则，包括不随地吐痰、不乱扔垃圾、文明礼让等。这些政策不仅为公众提供了具体的行为指导，还为执法部门提供了法律依据，从而确保政策的有效落实。政府可以通过宣传教育，提高公众的文明意识。其次，政府可以利用各种媒体平台，开展广泛的文明宣传活动。通过电视、广播、网络等媒体，播放文明礼仪宣传片，传播文明行为规范；通过海报、标语、宣传册等形式，在社区、学校、单位等场所宣传文明理念。这些宣传教育活动，可以潜移默化地影响公众的思想观念，提升社会整体的文明素质。再次，政府可以通过示范引领，树立社会文明的榜样。政府可以开展文明城市、文明社区、文明家庭等评选活动，树立先进典型，推广优秀经验。通过文明城市评选活动，评选出在城市管理、公共服务、环境保护等方面表现突出的城市，并给予表彰奖励；通过文明社区评选活动，评选出在社区治理、居民参与、环境整治等方面成绩显著的社区，并推广其经验做法；通过文明家庭评选活动，评选出在家庭教育、邻里和谐、孝老爱亲等方面表现优异的家庭，并号召全社会学习其先进事迹。这些活动不仅可以激发社会各界参与文明建设的积极性，还可以形成良好的社会氛围，推动社会风尚的整体提升。复次，政府还可以通过加强法治建设，保障文明行为的长效机制。通过完善法律法规，明确规定文明行为的具体标准和处罚措施，形成对不文明行为的有效约束；通过加强执法力度，确保法律法规的严格执行，形成对不文明行为的有力震慑；通过健全监督机制，鼓励公众积极举报不文明行为，形成全社会共同监督的良好局面。这些法治建设措施，可以有效保障文明行为的持续推广和长效落实。最后，政府可以制定志愿服务政策，鼓励和支持志愿服务组织的发展，推动志愿服务活动的广泛开展。例如，通过设立志愿服务基金，为志愿服务活动提供资金支持；通过举办志愿服务培训，提高志愿者的服务能力和水平；通过开展志愿服务活动，动员社会各界广泛参与，弘扬奉献、友爱、互助、进步的志愿精神。这些志愿服务活动，不仅可以帮助社会弱势群体，解决社会问题，还可以传播社会正能量，提升社会文明程度。总之，政府在培育良好风尚中发挥着不可替代的重要作用。通过制定和实施政策、开展宣传教育、示范引领、加强法治建设和推动志愿服务，政府可以系统地引导和推动社会文明建设，形成积极向上的社会风尚，促进社会的和谐进步。

社会组织在培育良好风尚中扮演着桥梁和纽带的角色，能够通过多种方式促进社会文明的进步。社会组织可以通过开展丰富多彩的活动，增强公众的文明意识和社会责任感。各类公益组织、志愿者团体可以定期举办环境保护、助老助残、社区服务等活动，吸引公众积极参与。在这些活动中，公众不仅能够体验到帮助他人、奉献社会的快乐，还能在实践中增强环保意识、公益精神和社会责任感。通过这些活动，社会组织能够有效推动文明理念在社会中的传播和落实。各类教育机构、文化团体可以组织文明礼仪培训、社会公德讲座、文化素养提升等活动，提高公众的文明素质和社会公德意识。这些活动可以面向不同年龄段、不同职业群体的公众，通过生动有趣的形式、丰富多样的内容，让公众在轻松愉快的氛围中学习和掌握文明礼仪、社会公德等知识，提升自身的文明素质和社会公德意识。社会组织可以通过树立榜样，弘扬正能量，激发公众的文明行为，各类媒体机构、宣传部门可以通过报纸、电视、网络等媒体，宣传文明先进事迹，树立文明典型。通过报道见义勇为、拾金不昧、助人为乐等感人事迹，弘扬社会正能量；通过宣传文明社区、文明家庭、文明单位的先进事迹，激励公众向文明先进学习；通过开展文明榜样评选活动，表彰和奖励文明先进个人和集体，激发公众的文明行为。通过这些榜样的树立和宣传，社会组织能够有效引导公众崇尚文明、践行文明，形成良好的社会风尚。

社区通过促进居民互动，可以在培育良好风尚中发挥重要作用。社区可以通过组织各类活动，增加居民之间的互动和交流，从而增强社区凝聚力。社区可以定期举办邻里节、文化节、体育赛事等活动，让居民有机会走出家门，参与到社区生活中来。通过这些活动，居民不仅能够加深彼此之间的了解和信任，还能在互动中感受到集体的温暖和支持。社区可以组织志愿者服务队，开展关爱孤寡老人、帮助困难家庭、照顾残障人士等活动。通过这些互助活动，居民不仅能够感受到来自社区的关怀和温暖，还能在互助中培养责任感和奉献精神。社区可以通过建立居民议事制度，让居民参与到社区事务的决策和管理中，从而增强居民的主人翁意识。社区可以定期召开居民议事会，邀请居民代表参与社区事务的讨论和决策，听取居民的意见和建议。通过这种方式，居民不仅能够了解社区的运作和管理，还能在参与中感受到自身的价值和责任。社区还可以通过开展多样化的文化活动，丰富居民的精神文化生活，提升社区的文明素质。社区可以组织读书会、电影放映会、文艺演出等活动，丰富居民的业余生活，提升居民的文化素养。社区可以通过建立健全社区服务体系，为居民提供便捷的服务和帮助，提升居民的生活质量和幸福感。例如，社区可以设立社区服务中心，提供法律咨询、就业指导、心理辅导等服务，满足居民的多样化需求。社区通过提供优质的服务，在提升居民的幸福感和满意度的同时也赢得了居民的信任和好评。

第五节　中华优秀传统家风家教文化传承创新的制度保证与激励约束机制

中华优秀传统家风家教文化的传承与创新，需要建立完善的制度保证与激励约束机制。国家应制定相关政策法规，明确家风家教的重要性和具体要求，为各级政府、学校和家庭提供法律依据和制度保障。通过教育法律法规，将家风家教纳入学校教育和社区教育体系，确保其在基础教育中的实施和推广。应建立健全教育评价体系，将家风家教的内容和效果纳入学校和家庭的评价标准。通过定期考核和评估，确保家风家教工作的有效开展和持续改进。在学校的德育考核中，增加家风家教内容的评价标准，对表现突出的学校和教师给予表彰和奖励，激励他们进一步推动家风家教工作。学校、社会各界需要加强对家风家教工作的宣传和推广，通过多种渠道和形式，提高公众对家风家教重要性的认识。通过媒体宣传、专题讲座、公益广告等方式，向社会各界普及家风家教知识，增强家庭和社会的参与意识和责任感。同时，需要建立多层次的激励机制，对在家风家教方面表现突出的家庭、学校和个人给予奖励和表彰。通过设立家风家教奖项、举办家风家教评比活动等形式，激励更多的人参与到家风家教文化的传承和创新中来。可以每年评选出一批家风家教先进家庭和优秀教师，通过公开表彰和物质奖励，鼓励他们继续在家风家教工作中发挥示范作用。还需建立有效的约束机制，对家风家教工作中的不良行为和问题进行规范和纠正。通过设立投诉举报机制，及时发现和处理家风家教工作中的问题，确保其健康有序发展。同时，加强对家风家教工作的监督和管理，确保各项制度和措施落实到位。总之，通过建立完善的制度保证与激励约束机制，中华优秀传统家风家教文化的传承与创新才能得到有力保障。这不仅有助于提升家庭和社会的道德水平，还能促进社会和谐和文明进步，为中华民族的复兴和发展提供坚实的文化基础。

一、推进家庭教育立法，明确责任主体

制定家庭教育法律框架是推进家庭教育立法的首要任务，其目的是为家庭教育提供明确的法律依据和操作指南。首先，这个框架应包括家庭教育的目标、内容和方法，并详细规定家庭、学校、社会等各方在家庭教育中的职责和义务。法律应明确家庭教育的根本目标，即培养德、智、体、美、劳全面发展的社会主义建设者和接班人。家庭教育不仅仅是传授知识，更应培养孩子的道德品质、行为习惯和心理素质。其次，法律应详细规定家庭教育的内容，包括思想道德教育、文化知识教育、生活技能教育、心理健康教育等方面。家长应在日常生活中通过言传身教，引导孩子树立正确的世界观、人生观和价值观，同时注重培养孩子的学习兴趣和自主学习能力。此外，法律应明确家庭教育的方法和途径。家长应根据孩子的年龄特点和个性差异，采用科学合理的教育方法，尊重孩子的主体地位，鼓励孩子参与家庭事务，增强责任感和独立性。学校和社区应为家庭教育提供支持和服务，开展家庭教育讲座、家长培训班，提供家庭教育资源和咨询服务，帮助家长提升教育能力和水平。最后，法律还应规定政府在家庭教育中的职责，要求政府加强对家庭教育的支持和指导，包括制定家庭教育政策、提供财政支持、建设家庭教育服务体系等。制定家庭教育法律框架不仅为家庭教育提供法律依据和操作指南，还为家庭教育的规范化、科学化和系统化提供保障。通过明确各方的职责和义务，可以形成家庭、学校、社会多方协同的家庭教育格局，共同推动家庭教育事业的发展和进步。法律框架的建立，还可以有效预防和解决家庭教育中的问题和矛盾，促进家庭教育的健康发展。法律的约束力和规范性，能够引导家长、学校和社会更加重视和关注家庭教育，提高家庭教育的质量和效果，为孩子的健康成长和全面发展创造良好的家庭和社会环境。

在推进家庭教育立法过程中，明确责任主体是至关重要的一环。家庭、

学校、社会、政府等各方的责任和义务需要在法律中得到具体界定和规定，以确保家庭教育的顺利实施和有效推进。家庭是教育的基本单位和责任主体，家庭教育应贯穿孩子成长的全过程。法律应明确规定父母在家庭教育中的主体责任，要求父母积极履行教育子女的职责，为孩子提供良好的家庭教育环境和条件，父母应通过言传身教，培养孩子的良好品德和行为习惯，注重孩子的心理健康和全面发展。学校是家庭教育的重要支持力量，教师在孩子成长过程中扮演着重要的角色。法律应明确规定学校在家庭教育中的责任和义务，要求学校加强与家庭的沟通和合作，共同承担教育孩子的任务。学校应为家长提供教育指导和培训，帮助家长掌握科学的教育方法和技巧。通过家校合作，学校可以及时了解学生在家庭中的表现和问题，针对性地进行教育干预，形成教育合力。此外，社区和社会组织在家庭教育中也发挥着重要作用。法律应规定社区和社会组织在家庭教育中的责任，鼓励社区和社会组织积极参与家庭教育工作，提供家庭教育资源和服务。社区可以通过组织家庭教育讲座、亲子活动、心理咨询等方式，帮助家长提高教育能力和水平，促进家庭和谐。社会组织可以通过公益项目、志愿服务等形式，为家庭教育提供支持和帮助，营造良好的家庭教育氛围。政府在家庭教育中负有重要的指导和支持责任。法律应明确规定政府在家庭教育中的职责，要求政府制定家庭教育政策和规划，加强家庭教育的管理和监督。政府应为家庭教育提供财政支持，建设家庭教育服务体系，推动家庭教育研究和实践。政府还应加强对家庭教育的宣传和引导，提高全社会对家庭教育的重视和关注，形成家庭教育的良好社会氛围。通过明确各方的责任主体，家庭、学校、社会、政府可以形成合力，共同推动家庭教育的发展。家庭作为教育的基本单位，应在法律的引导下，主动承担教育责任，创造良好的家庭教育环境。学校作为教育的专业机构，应与家庭紧密合作，共同促进孩子的成长。社区和社会组织作为家庭教育的重要支持力量，应积极参与家庭教育工作，为家庭教育提供资源和服务。政府作为家庭教育的指导和支持力量，应制定政策、提供支持，推动家庭教育的规范化、科学化和系统化发展。只有在各方共同努力下，家庭教育才能真正发挥作用，为孩子的健康成长和全面发展提供有力保障。

推进家庭教育立法过程中，明确责任主体的关键在于建立一个全面、多层次的责任体系，以确保家庭教育的实施效果和可持续性。这不仅涉及法律框架的设计，还需要明确各方在家庭教育中的具体职责与任务。

家庭作为教育的最基本单位，其责任是基础中的基础。法律必须明确规定父母或监护人必须承担教育子女的首要责任。这包括为孩子创造稳定、健康的家庭环境，提供必要的生活条件和精神支持。法律应要求父母承担培养孩子道德品质、行为习惯及获得学业成就等方面的责任。特别是要在法律中加入对父母教育能力的要求，如定期参加家庭教育培训课程，提升自身教育素养。

学校在家庭教育中的角色同样重要，尤其是在教育内容和方法的实施上。法律应明确学校的责任，不仅仅是传授知识，更要支持和配合家庭教育的实施。学校应定期举办家庭教育指导讲座和工作坊，为家长提供科学的教育方法和技巧，帮助他们更好地辅导孩子学习和成长。此外，学校还应设立专门的家庭教育指导机构或人员，负责与家庭沟通，了解学生在家的表现和家庭环境，及时给予家长教育建议。通过学校和家庭的紧密合作，可以形成教育合力，确保孩子在学习和成长过程中得到全面支持。

社区和社会组织的作用也是不可忽视的。法律应规定社区和社会组织在家庭教育中的辅助角色，包括提供教育资源、组织家庭教育活动、开展心理咨询等。社区可以通过建立家长学校或亲子活动中心，帮助家长学习家庭教育的知识和技能。社会组织则可以通过公益项目、志愿服务等形式，为家庭教育提供更多的支持。社会组织可以组织亲子阅读活动、家庭教育研讨会等，增强家庭教育的实效性和参与感。通过这种方式，可以在社区和社会层面形成对家庭教育的广泛支持，增强家庭教育的社会影响力。

政府的支持和指导在家庭教育中具有决定性作用。法律应明确政府在家庭教育中的职责，包括制定和实施家庭教育政策、提供财政支持、建设家庭教育服务体系等。通过政府的主导作用，可以推动家庭教育的规范化、制度化，确保家庭教育的长远发展。

总之，通过明确家庭、学校、社区、社会组织和政府等多方的责任主体，可以形成一个系统化的家庭教育责任体系。这不仅有助于提高家庭教育的质量和效果，还能够为孩子的健康成长和全面发展提供坚实的保障。

推进家庭教育立法、明确责任主体时也需要确立政府在家庭教育中的职责和作用。这一点至关重要，因为政府的政策支持、资源配置和监管措施直接影响到家庭教育的普及和效果。政府在家庭教育立法中的职责包括制定和完善相关法律法规，应确保家庭教育相关的法律条款清晰、具体，并具有可操作性，以便为家庭教育的实施提供法律依据和支持。例如，政府可以设立家庭教育法，通过立法明确家庭教育的基本原则、目标和实施细则，确保法律的权威性和有效性。政府还需要制定家庭教育政策和实施方案，以推动家庭教育的全面发展。这包括制定长期和短期的家庭教育规划，明确家庭教育的重点领域和主要目标。政策中应包含对家庭教育资源的配置，如资金、培训和服务等方面的支持。政府可以通过财政投入，支持家庭教育相关的项目和活动，例如资助家庭教育培训、家庭教育研究和家庭教育服务机构的建设等。此外，政府应定期评估和更新家庭教育政策，根据实际情况进行调整和改进，以确保政策的适应性和前瞻性。政府的角色还包括建立和完善家庭教育服务体系。政府应负责建设和管理家庭教育服务平台，提供咨询、指导和支持服务。可以设立家庭教育服务中心，为家长提供教育咨询、课程培训和心理支持等服务。这些服务中心可以与学校、社区等机构合作，形成全方位的家庭教育服务网络。此外，政府还可以推动家庭教育信息化建设，开发家庭教育在线平台和应用程序，为家长提供便捷的学习和交流渠道。这种信息化服务不仅能够提高家庭教育的覆盖面，还能够增强家庭教育的互动性和实效性。

在推进家庭教育立法的过程中，加强对家庭教育的监督和评估机制是一项关键措施，这一机制的建立和完善对于确保家庭教育政策的有效实施和持续改进具有至关重要的作用。监督机制的建立需要明确相关部门和机构的职责，确保对家庭教育的全面监督。这通常包括教育、民政等政府部门，以及地方社区和家庭教育协会等。政府部门应负责制定和发布家庭教育政策，并对政策的实施情况进行定期检查和评估。这种监督机制可以通过设立专项工作小组、制定监督检查细则以及组织定期的评估报告来实现，从而保证家庭教育政策的贯彻执行。建立健全评估机制是确保家庭教育质量和效果的重要环节。评估机制应涵盖家庭教育的各个方面，包括家庭教育的实施情况、效果评估以及家长和孩子的反馈等。评估不仅要关注家庭教育的短期成果，还应考虑其对孩子长期发展的影响。评估的方法可以多样化，包括定期的调查问卷、访谈、案例研究等。通过收集和分析这些数据，可以了解家庭教育的实际效果，识别存在的问题，并为政策的调整和改进提供依据。建立公众反馈和投诉机制也是加强监督和评估的重要组成部分。在家庭教育政策的实施过程中，家长和社区成员往往能够提供宝贵的意见和建议。建立一个有效的反馈渠道，如设立热线电话、在线投诉平台等，可以让家庭和社区成员在遇到问题时能够及时反映，并获得相关部门的处理和回应。这种机制不仅能够提高政策的透明度，还能够增强公众对家庭教育政策的信任和支持。进一步地，定期开展家庭教育的专项检查和审计也是有效的监督手段。通过对家庭教育的专项审计，可以检查家庭教育资源的使用情况、经费的分配和管理情况等，确保资源的合理使用和经费的透明度。这种检查和审计可以由第三方机构或独立审计师进行，确保其公正性和客观性，从而为家庭教育的规范化和制度化奠定基础。最后，推动家庭教育工作的信息公开和社会监督是完善监督和评估机制的重要步骤。通过信息公开，可以让公众了解家庭教育政策的实施情况、评估结果以及存在的问题。这种透明度不仅有助于提高政策的公信力，还能够促进社会各界的广泛参与和监督。信息公开的方式可以包括在政府网站上发布政策实施报告、评估结果及整改措施等，让公众能够及时获取相关信息，并对家庭教育政策的执行情况进行监督。

二、确立家风家教构建的社会性评价机制与奖惩制度

建立多元化的评价体系是优化家风家教构建的关键环节，这一体系的建立不仅需要综合各方力量，还需细化评价内容和标准，确保评价的科学性和全面性。政府应承担起主导责任，设立专门的评估委员会或工作组，负责制定评价标准和评估细则。这些标准应当包括对家庭道德风尚、教育方式、家庭关系等多个方面的综合考量，以确保评价结果的全面性。可以制定“家庭道德风尚评分标准”来评估家庭成员间的尊重、信任和支持等伦理标准，以及通过“家庭教育效果评估”来分析家庭教育对孩子成长的具体影响。这种

标准的制定不仅要参考传统的道德规范，还要结合现代社会的发展和实际需求，确保评价体系能够适应时代的变化。社区通过其对居民的熟悉度和对家庭日常活动的观察，能够提供具有现实针对性的评价信息。社区可以通过设立家庭教育协会、居民委员会等组织，定期开展家风家教的评估和反馈。通过定期的社区活动和家庭教育讲座，收集居民对家庭风尚的评价，开展家风家教优秀家庭的评选活动，并将评价结果公示于社区公告栏或社区网站，以鼓励家庭之间的良性竞争和相互学习。这种社区化的评价方式能够直接反映家庭在本地社会中的实际表现，并促进社区成员之间的互动和交流。专业机构的参与也不容忽视，社会学研究机构、教育研究机构等专业机构可以提供科学的评价模型和方法，对家风家教进行深入的研究和分析。比如，社会学研究机构可以基于大量的数据和案例，开发出具有科学依据的评价工具，如“家庭教育影响力评估模型”或“家风家教满意度调查问卷”，这些工具能够帮助专业评估人员进行系统的分析，并提供详细的评价报告。通过与政府和社区的合作，专业机构的评价结果可以为政策制定和社区活动提供数据支持和理论依据，确保评价工作的科学性和有效性。公众的参与是评价体系不可或缺的一部分，通过建立线上平台、开展社会调查等方式，广泛收集公众对家风家教的意见和建议，可以实现对家庭风尚的更广泛的监督和评价。例如，利用社交媒体平台开展“家风家教”主题的互动讨论，收集公众对家庭教育的看法和建议，或通过设计调查问卷，收集对不同家庭风尚的评价意见。这些公众反馈不仅能够反映社会对家风家教的总体态度，还能够揭示一些潜在的问题和改进方向，从而为家风家教质量的提升提供宝贵的参考。

确立有效的奖惩制度是促进家风家教良性发展的重要举措，它需要从多方面入手，形成具有约束力和激励效应的机制，以推动家庭教育质量的提升和家风建设的优化。首先，政府部门应当制定明确的奖惩条例，设立具体的奖励和惩罚措施，以保障制度的有效实施。这些条例应当涵盖多个层面，例如，设立“优秀家庭奖”“最佳家教实践奖”等奖项，以表彰那些在家风建设和家庭教育中表现突出的家庭，激励更多家庭积极参与家风家教。另外，还应规定相应的惩罚措施，对违反家教规范的行为进行适当的惩戒，以形成震慑效应，防止不良家风的扩散。奖惩条例的制定要充分考虑社会实际，确保奖励和惩罚措施具有实际操作性和有效性。其次，社区在实施奖惩制度中扮演着至关重要的角色。社区可以通过建立奖惩管理委员会，负责家庭家风家教的评估、奖励和惩戒工作。例如，社区可以组织定期的家庭家风评比活动，评选出“文明家庭”“和谐家园”等，并通过颁发证书、发放奖励等形式予以表彰。这不仅能激励家庭树立良好的家风，还能通过宣传优秀家庭的成功经验，引导其他家庭学习和借鉴。对于存在问题的家庭，社区则可以采取适当的教育和辅导措施，帮助其改正不良行为，提升家庭的教育质量和家风建设水平。再次，教育部门和专业机构的参与也是奖惩制度的重要组成部分。教育部门可以将家庭家风家教的表现纳入学校评估体系，并与家庭教育指导相结合，提供针对性的指导和支持。例如，通过家庭教育讲座、咨询服务等方式，帮助家庭改进教育方法、提升教育效果。同时，专业机构可以开展相关研究，提供科学的奖惩机制设计方案，并通过数据分析评估奖惩制度的实施效果，为制度的优化提供依据。通过专业机构的参与，可以确保奖惩措施的科学性和公正性，提高制度的实施效果。最后，媒体的作用不可忽视。媒体可以通过新闻报道、专题节目等形式，对优秀家庭进行宣传，展示其良好的家风家教实践，树立正面榜样。同时，对于存在问题的家庭，媒体也应当负责监督报道，以促使其改正不良行为。媒体的宣传和监督作用能够提高社会对家风家教的关注度，推动奖惩制度的落实。通过媒体的广泛传播和舆论引导，能够形成社会对良好家风家教的广泛认同，从而促进家风家教质量的整体提升。确立有效的奖惩制度需要政府、社区、教育部门、专业机构和媒体等多方的共同参与。通过制定明确的奖惩条例，建立社区奖惩管理机制，结合教育部门和专业机构的支持，利用媒体的宣传和监督作用，形成全面、科学的奖惩机制。

家庭家风家教的社会性评价机制是确保家风家教文化传承和创新的关键环节，它的有效建立不仅有助于规范家庭教育行为，还能增强社会对家风建设的关注和支持。社会性评价机制应注重综合性和科学性，通过建立多元化的评价标准和体系，确保对家庭家风的评价全面且客观。评价标准应涵盖家庭教育的各个方面，包括家庭成员的道德品质、教育方法、家庭氛围等，以全面反映家庭家风的实际状况。科学的评价体系需要依托社会调查、数据分析等手段，确保评价结果的真实性和客观性。此外，社会性评价机制还应融入社区、学校和社会组织的参与，通过广泛的社会监督和参与，提升评价的全面性和公信力。社会性评价机制需要建立有效的评价渠道，以保证评价的公正性和透明度。可以通过设立独立的评价委员会或机构，负责对家庭家风进行评估。这些机构应由专业人员组成，具备足够的评价经验和公正性，确保评价过程和结果的客观公正。评价委员会可以定期发布评价报告，向社会公开家庭家风的评价结果，并对优秀家庭给予表彰，对问题家庭提出改进建议。通过公开透明的评价过程，能够增强家庭对评价机制的信任，促进家庭家风的自我优化和提升。进一步来说，社会性评价机制应与家庭教育指导和支持相结合，以形成系统化的支持体系。通过对评价结果的分析，可以发现家庭教育中的共性问题和不足，从而提供针对性的指导和支持。针对评价中发现的家庭教育方法不当的问题，社会组织和教育部门可以组织相关的培训和讲座，帮助家庭改善教育方法、提高教育质量。同时，评价机制还应提供反馈渠道，家庭可以根据评价结果提出意见和建议，从而不断完善评价机制和支持服务。此外，社会性评价机制的实施还需要注重激励与约束的平衡。一方面，对于表现优秀的家庭，应给予积极的表彰和奖励，例如颁发“文明家庭”称号、提供教育资助等，以激励更多家庭积极参与家风建设；另一方面，对于存在问题的家庭，评价机制应提供建设性的反馈和改进建议，并辅以必要的监督和支持，帮助其改正不良行为，提升家庭家风质量。通过激励与约束相结合的方式，能够促进家庭家风质量的全面提升和社会风尚的良性发展。

三、建立传承家风家教文化的教育机制

制定系统的教育课程是传承和发扬中华优秀传统家风家教文化的重要途径之一。通过将家风家教文化融入学校的教育课程中，不仅可以帮助学生从小树立正确的价值观，还能增强他们的文化认同感和民族自豪感。要做到这一点，需要从内容设计、教学方法、评价机制等多个方面进行系统化的规划和实施。内容丰富的课程设计至关重要。课程内容应当涵盖中华优秀传统文

化的各个方面，如家庭美德、传统礼仪、亲子关系、家族历史等。在语文、历史、德育等学科中，可以融入诸如《论语》《孝经》《颜氏家训》等经典著作的选读和讨论，通过这些传统文化经典的学习，帮助学生理解和内化家风家教的深刻内涵。此外，可以通过案例分析、故事讲述等方式，使课程内容更加生动具体。例如，可以通过讲述古代贤德母亲孟母三迁的故事、现代贤妻良母的事迹，激发学生对美好家风的向往和追求。教学方法的多样化是提升教学效果的重要手段。可以通过情景剧、角色扮演、讨论会等多种形式，让学生在互动中感受家风家教文化的魅力。可以让学生扮演古代名人，重现他们在家庭教育中的言行举止，通过这样的体验式学习，使学生更直观地理解和感受家风家教文化的价值。还可以通过组织参观博物馆、家族祠堂等活动，让学生在实地考察中感受传统家风家教的具体表现和实际影响。评价机制的完善是保障教育效果的重要环节，可以通过定期的考试、测评、展示等方式，对学生的学习情况进行全面评估。评估内容不仅包括对家风家教文化知识的掌握程度，还应当包括学生在实际生活中对这些文化理念的实践情况。比如，可以通过学生撰写家庭教育心得、参与家庭礼仪实践等活动，了解他们对家风家教文化的理解和应用。此外，可以设置家风家教文化相关的课题研究，鼓励学生自主探究、合作学习，培养他们的创新思维和实践能力。家庭和社会的协同是确保教育效果的重要保障。学校可以通过家长会、家校联系手册等形式，与家长保持密切沟通，共同探讨家风家教文化的教育方法和途径。还可以邀请家长参与学校的相关活动，如家庭教育讲座、亲子阅读活动等，形成教育合力。同时，学校还可以与社区、文化机构等合作，共同开展家风家教文化的宣传和教育活动，为学生提供更为广泛和丰富的学习资源和实践机会。

开展多样化的家庭教育活动是传承和创新中华优秀传统家风家教文化的重要手段之一。这不仅能够增强家庭成员之间的情感联系，还能使家风家教文化在日常生活中得到具体体现和实践。通过精心设计和组织各类家庭教育活动，可以使传统文化在现代家庭中焕发新的生机和活力。首先，亲子互动活动是家庭教育活动的重要组成部分。通过亲子共读、亲子游戏、亲子旅行等形式，可以促进家长与孩子之间的沟通和理解，增进家庭成员之间的感情。

在亲子共读中，家长可以选择一些蕴含家风家教文化的图书，与孩子一起阅读并讨论书中的内容，这不仅能培养孩子的阅读兴趣，还能潜移默化地传递传统文化的价值观念。亲子游戏则可以通过设计一些有教育意义的小游戏，如角色扮演、传统手工艺制作等，让孩子在玩耍中学习家风家教的基本理念。亲子旅行可以选择一些具有历史文化意义的地点，如古镇、博物馆、名人故居等，让孩子在实地考察中感受家风家教文化的魅力。其次，家庭文化传承活动也是家庭教育活动的重要方式之一。可以通过家庭聚会、家族祭祀、家族史编撰等活动，增强家庭成员对家风家教文化的认同感和责任感。在家庭聚会中，可以安排一些家族历史的分享和讨论，让年轻一代了解家族的光辉历史和优良传统，激发他们传承和发扬家风家教文化的自觉性。家族祭祀则可以通过传统的仪式和活动，如祭祖、清明扫墓等，培养家庭成员的敬祖爱亲之情。家族史编撰则可以通过整理和记录家族的历史故事、人物事迹等，使家族的优秀传统和美德得到更好的传承和弘扬。再次，社区和社会组织的支持是开展家庭教育活动的重要保障。可以通过与社区、文化机构、志愿者组织等合作，开展各种形式的家庭教育活动，如家庭教育讲座、传统文化体验活动、亲子义工活动等。在家庭教育讲座中，可以邀请专家学者、优秀家长代表等分享他们在家庭教育中的经验和体会，为家长提供科学的教育方法和指导。传统文化体验活动则可以通过组织家长和孩子一起参与传统节日庆祝、传统手工艺制作、传统礼仪学习等，让他们在亲身体验中感受传统文化的魅力。亲子义工活动则可以通过组织家庭成员一起参加社区服务、公益活动等，培养他们的社会责任感和公益精神。最后，科技手段的应用也是开展家庭教育活动的重要途径。可以利用互联网、社交媒体、在线教育平台等，提供丰富的家庭教育资源和活动形式。比如，可以通过开设家庭教育专题网站、公众号，发布家风家教文化相关的文章、视频、课程等，为家长提供学习和交流的平台。还可以通过在线教育平台，开设家庭教育的网络课程和讲座，方便家长在家中随时随地进行学习和培训。此外，还可以利用社交媒体组织线上讨论、分享和互动，让家长在互相交流中获得更多的教育经验和启发。

四、设计以“家风”为主题的节日礼仪

（一）确定节日名称与日期

在设立“家风”主题节日的过程中，首先需要确定一个具有文化意义和社会认同感的节日名称和日期。节日名称应简洁明了，能直接传达出节日的核心主题，可以称为“家风日”或“家庭美德日”。这一名称不仅能引起人们的共鸣，还能让大家在提到节日时立即联想到家庭文化和美德传承的主题。选择节日日期时，需要考虑几个关键因素。首先，日期应当便于家庭成员参与，最好选择一个大家都有空闲时间的日子，如春节、中秋节等家庭团聚的节日是理想的候选日期，因为这些节日本身就具有浓厚的家庭氛围，可以在原有的节日习俗基础上，增加家风文化的内容，使其更加丰富多彩。如果选择设立一个全新的日期，可以考虑每年固定在某个周末，或者与其他家庭主题节日结合，例如国际家庭日（5 月 15 日），以提高节日的认知度和参与度。其次，节日的设立应当考虑其长期的可持续性。选择一个合适的时间节点，可以确保这一节日能够持久发展，逐渐形成传统。为此，可以通过社会调研和公众意见征集，了解广大民众对于节日日期的偏好和建议，确保节日设立能够得到广泛认可和支持。确定节日名称和日期后，需要进行全面的宣传推广。通过电视、广播、报纸、网络等各种媒体渠道，广泛宣传节日的意义、背景和活动安排，以吸引更多人参与和关注。同时，可以利用社交媒体平台开展互动活动，如节日名称和日期的投票、家风故事的征集等，增强公众的参与感和认同感。最后，政府部门、社会组织和企业也应积极参与节日的推广和支持。政府可以通过发布公告、举办新闻发布会等形式，向社会正式宣布节日的设立，并提供相关政策支持。社会组织可以通过举办家庭教育讲座、家庭文化展览等活动，宣传和推广家风文化。企业可以通过赞助节日活动、提供家庭主题产品和服务等方式，支持和参与节日的推广。通过确定一个合适的节日名称和日期并进行全面的宣传推广，可以使“家风”主题节日得到广泛认同和参与，逐渐形成社会共识和文化传统，为家风家训的传承和弘扬创造良好的社会环境。

（二）制定节日活动方案

制定节日活动方案是确保“家风”主题节日成功实施的关键步骤。活动方案应涵盖多种形式的活动，能够吸引不同年龄层、不同社会背景的家庭成员参与，确保活动内容丰富多彩、形式多样，并且具有教育意义和娱乐性。社区和学校是开展节日活动的主要阵地。社区可以组织各种以家庭为单位的活动，例如家庭才艺表演、亲子游戏、家庭故事分享会等。这些活动不仅能够增强家庭成员之间的感情，还能够让家庭成员在互动中学习和传承家风文化。学校可以开展家风主题班会、家风征文比赛、家风演讲比赛等活动，让学生在学习和表达中深入理解家风文化的内涵。通过这些活动，孩子们可以从小树立正确的价值观念，感受到家庭文化的重要性。家庭内部也可以开展一些有意义的活动。例如，家庭成员可以一起回顾和记录家族历史、编写家族故事书、制作家族相册等。这些活动不仅能够增强家庭成员对家族历史的了解，还能够通过共同的努力，增进家庭成员之间的情感联系。同时，家庭成员可以一起制定家庭规矩和目标，并在节日这一天进行总结和反思，看看在过去的一年里是否达到了预期的目标、有哪些方面需要改进。这样的活动不仅有助于家庭成员之间的沟通和理解，还能够帮助家庭成员共同成长。社会各界也可以通过举办各种形式的活动，来推广和宣传“家风”主题节日。例如，博物馆和文化机构可以举办家风文化展览，展示不同地区、不同民族的家庭文化传统和家风故事。媒体可以制作和播出家风专题节目，采访和报道那些在家庭教育和家风传承方面有着突出表现的家庭，让更多人了解和学习他们的经验。企业可以结合自己的产品和服务，开展以家庭为主题的促销活动，吸引消费者关注和参与“家风”主题节日。此外，节日活动还可以与现代科技结合，利用互联网和社交媒体平台开展线上活动。例如，可以通过社交媒体平台发起家风故事分享活动，邀请用户上传自己的家风故事和家庭照片，参与评选和互动。也可以通过直播平台，邀请专家和名人进行在线讲座和互动，分享他们对于家风文化的理解和体会。这些线上活动不仅能够扩大节日的影响力，还能够吸引更多年轻人参与，增强节日的现代感和趣味性。在制定节日活动方案时，还应充分考虑到活动的持续性和影响力。通过总结和评估每年活动的效果，不断改进和创新活动内容和形式，确保节日活动能够吸引更多家庭的参与，逐渐形成传统。

（三）内涵与文化传承

在设立“家风”主题节日的过程中，注重节日内涵与文化传承是确保节日具有深远意义和持久影响力的关键。节日不仅仅是一个庆祝的时刻，更是一个传承和弘扬中华优秀传统文化的平台。通过深入挖掘节日的文化内涵，可以让节日活动更加丰富多彩，并赋予其深刻的教育意义。首先，节日的主题应当紧扣“家风”这一核心，注重弘扬中华优秀传统文化中的家庭美德和价值观念，通过设立节日主题，明确节日的精神内涵，可以引导人们在庆祝节日的同时，思考和反省家庭文化和家风建设的重要性。节日可以以“孝敬父母、尊老爱幼”“勤俭持家、诚信为本”“和睦相处、互助友爱”等传统美德为主题，让家庭成员在节日期间深入理解和实践这些美德。在节日活动的设计上，可以融入丰富的传统文化元素，使节日具有浓厚的文化氛围。我们可以在节日期间举办传统手工艺展示和体验活动，让家庭成员亲手完成剪纸、书法、绘画等传统工艺品，体验传统文化的魅力。同时，可以举办传统民俗表演和戏曲演出，让家庭成员欣赏和了解传统文化艺术。在这些活动中，家庭成员不仅可以增加对传统文化的认知，还可以通过亲身参与，增强对传统文化的认同感和自豪感。其次，节日可以通过家庭成员共同参与的形式，增强家庭的凝聚力和向心力。例如，可以在节日期间组织家庭成员一起参与义务劳动、公益活动等，让家庭成员在共同的劳动和奉献中，体会到团结协作、互助友爱的精神。同时，可以举办家庭大联欢、亲子运动会等活动，让家庭成员在轻松愉快的氛围中增进感情，增强家庭的凝聚力。这些活动不仅能够增强家庭成员之间的联系，还能够让家庭成员在共同的活动中感受到家的温暖和力量。最后，在节日的宣传和推广方面，也应注重文化内涵的传递。通过媒体宣传、公益广告、文化讲座等多种形式，广泛宣传节日的意义和内涵，让更多人了解和参与节日。此外，还可以邀请知名专家、学者和公众人物进行节日主题的宣讲和互动，让更多人认识到家风文化的重要性，积极参与到家风文化的传承和弘扬中来。通过节日内涵与文化传承，可以让“家风”主题节日不仅成为一个庆祝的时刻，更成为一个传播和弘扬中华优秀传统文化的重要平台。在这个过程中，家庭成员不仅能够增强对家风文化的认同和自豪感，还能够通过实际行动传承和弘扬中华优秀传统文化，为家庭和社会的和谐发展作出贡献。

（四）设计互动性强的家庭活动

设计互动性强的家庭活动是促进家庭成员之间沟通交流、增强家庭凝聚力的重要方式。在以“家风”为主题的节日中，通过精心策划和组织各种互动性强的家庭活动，可以使节日更加丰富多彩，同时也能够更好地传承和弘扬家风文化。首先，可以从家庭成员的兴趣和需求出发，设计一些符合家庭成员特点的活动项目，对于喜欢动手实践的家庭成员，可以组织家庭手工制作活动，让大家一起动手制作传统工艺品，如剪纸、灯笼、风筝等。在制作过程中，家庭成员可以相互协作、分享创意，增进彼此之间的了解和感情。这样的活动不仅能够提高家庭成员的动手能力，还能够让大家在轻松愉快的氛围中感受到家庭的温暖和幸福。其次，可以设计一些需要团队合作的互动游戏和挑战项目，让家庭成员在共同的努力中体验到团结协作的重要性，可以组织家庭成员参加趣味运动会，设置一些需要合作完成的项目，如接力赛跑、团队拔河、传递气球等。在这些活动中，家庭成员需要相互配合、齐心协力、才能完成任务。这样的活动不仅能够增强家庭成员的团队意识和合作精神，还能够让大家在欢声笑语中增进彼此之间的感情和信任。同时，可以设计一些有意义的家庭故事分享和交流活动，让家庭成员在分享和倾听中，感受到家庭文化的力量。可以组织家庭成员围坐在一起，分享各自的成长故事、家庭趣事和人生感悟。在分享过程中，大家可以相互鼓励和支持，增进彼此之间的理解和关爱，这样的活动不仅能够增强家庭成员之间的情感联系，还能够让大家在交流中感受到家庭文化的温暖和力量。此外，还可以设计一些有创意的家庭表演和展示活动，让家庭成员在展示和欣赏中体验到家庭文化的多样性和魅力。可以组织家庭成员排练和表演家庭剧、家庭歌舞节目等，展示家庭成员的才艺和风采。在表演过程中，大家可以相互鼓励和支持，共同享受表演的乐趣和成就感。这样的活动不仅能够提高家庭成员的自信心和表现力，还能够让大家在共同的努力中，增强对家庭文化的认同感和自豪感。最后，在设计互动性强的家庭活动时，还可以考虑利用现代科技手段增加活动的趣味性和互动性。例如，可以通过制作节日专属 App 或网站，提供活动的详细信息、活动报名流程和互动交流平台。通过线上平台，家庭成员可以随时随地了解和参与节日活动，并通过分享和互动增强节日的影响力。同时，可以利用虚拟现实和增强现实技术设计一些虚拟体验项目，让家庭成员通过科技手段感受到传统文化的魅力。这样的科技应用，不仅可以增强活动的趣味性和互动性，还可以吸引更多年轻人参与，增强节日的活力和创新性。通过精心设计互动性强的家庭活动，可以使“家风”主题节日不仅成为一个庆祝的时刻，更成为一个增进家庭成员之间感情、传承和弘扬家风文化的重要平台。在这些活动中，家庭成员不仅能够增强对家风文化的认同和自豪感，还能够通过实际行动，传承和弘扬中华优秀传统文化，为家庭和社会的和谐发展作出贡献。

（五）加强宣传教育

加强宣传教育是弘扬和传承中华优秀传统家风家教文化的重要途径。通过多层次、多渠道的宣传教育，可以提高社会各界对家风家教文化的认识和重视，增强全民传承优秀家风的意识，形成良好的社会氛围。要充分利用传统媒体和新媒体进行广泛宣传。在传统媒体方面，可以通过报纸、电视、广播等渠道，开展专题报道、人物专访、案例分享等，深入挖掘和宣传优秀家风家教事迹，展示家庭和谐美满的动人故事。在新媒体方面，可以通过微信、微博、抖音等社交平台，制作和传播短视频、图文并茂的故事，利用互联网的传播速度和广泛覆盖面，扩大宣传的影响力。例如，可以制作一些家庭教育的公益广告、微电影，通过感人的情节和真实的案例，引起人们的共鸣和思考，从而自觉传承和弘扬优秀家风。可以在社区、学校和企事业单位中开展一系列宣传教育活动，在社区方面，可以组织家风家教讲座、家庭故事分享会、家庭文化展示等活动，让社区居民参与其中，交流经验、学习借鉴；在学校方面，可以将家风家教文化纳入德育教育体系，通过课堂教学、主题班会、家长会等形式，让学生和家长共同参与，营造良好的家校共育氛围，可以邀请德高望重的家长或社会名流走进校园，与学生分享他们的家风家教故事，增强学生对传统文化的认同感和自豪感；在企事业单位方面，可以通过举办家庭文化节、家庭教育论坛等活动，让职工在工作之余感受到家庭文化的温暖和力量，增强员工的凝聚力和向心力。再者，可以通过文艺创作和文化产品的开发，增强宣传教育的感染力和吸引力。可以创作一批以家风家教为主题的文学作品、影视剧、纪录片、音乐作品等，通过艺术的形式展现中华优秀传统家风家教文化的深厚内涵和独特魅力。例如，可以拍摄一部反映不同历史时期家风传承的电视剧，或制作一部记录现代家庭教育实践的纪录片，通过生动的故事和真实的情感，引起观众的共鸣和思考。同时，还可以开发一些具有文化内涵的家风家教书籍、纪念品等，通过文化产品的传播，增强人们对家风家教文化的理解和认同。

第五章 燕赵优秀传统家风家教文化参与和助力基层社会治理

党的十九届四中全会后，传承家风家教文化并将优秀传统家风家教文化融入基层社会治理显得愈加重要。燕赵优秀传统家风家教文化是河北省极为珍贵的文化财富，是河北省基层社会治理的文化源泉。燕赵家风家教文化孕育出具备优秀品质的个人，具备优秀品质的个人接力继承优秀传统家风家教文化，将其实现并利用到河北省基层社会治理中。

第一节 河北省基层社会治理的现状和困境审视

一、河北省基层社会治理的现状

社会治理在社会发展的不同阶段具有不同的特点，早期社会治理的主要体现是社会管控。随着改革开放的推进，社会治理以一种新的形态出现在公众面前，体现为“社会经营”。2013 年，“社会治理”的概念在党的十八届三中全会中被正式提出。随着社会的发展，河北省基层社会治理取得了一些成就，但与此同时也面临着一些困境与挑战。

河北省基层社会治理工作成效明显，取得了重大成果，不断完善社会治安防控和城乡社区治理体系，着力解决群众关心的重点、难点问题，打击犯罪、保护社会稳定，提升基层治理水平、着力增进民生福祉。但全省社会治理领域还存在一些共性问题：重视程度有待提高，社会治理的政策逻辑有待完善，社会组织发展环境亟待改善，基层自治组织需“去行政化”，社会治理专业技术人才短缺等。河北省是农业大省，城乡社会治理重点、难点有差异：城市社区治理问题主要与城市化率迅速提高而配套设施和服务没跟上等有关，农村社会治理问题则与人口结构失衡、宗族乡约瓦解、公共政策不完善等有关。今后社会治理工作应重在提升公信力、执行力、精准度和应对力。

二、河北省基层社会治理的困境

随着京津冀一体化的展开和城镇化进程的推进，河北省基层社会治理面临新的挑战与困境。具体如下：

第一，社会主义核心价值传播体系不完善。近年来，社会在不断转型和发展，社会主义核心价值观也在随之变化。经调查发现，当前大多数人缺乏对马克思主义的认同感；人们对社会主义核心价值观体系的了解并不完全；多数人在维护国家利益、为国家奉献的同时，也在强调个人利益的重要性，体现了人们思想的矛盾性；社会中仍存在许多不良的风气亟待改善，社会主义荣辱观仍需要社会群体的共同努力践行与宣传。现有的传播体系往往存在结构性不足。虽然政府和相关部门已经制定了一些传播策略，但这些策略在实际操作中常常缺乏系统性和连贯性。例如，核心价值观的宣传内容和形式往往局限于传统媒体和单一的宣传手段，缺乏多样化的传播途径和创新的方法，未能充分利用现代科技手段和新兴媒介，这导致了传播效果的不尽如人意。基层传播队伍的专业性和素养不足也是一个重要问题，在许多地区，尤其是偏远乡村，基层工作人员往往面临资源匮乏和能力不足的双重挑战。他们在核心价值观的宣传和推广中缺乏足够的培训和支持，难以有效地将复杂的理论和价值观转化为易于理解和接受的内容。这种现象不仅降低了核心价值观的传播效果，也影响了公众对核心价值观的认同和接受程度。社会主义核心价值观的传播往往未能真正与基层群众的实际需求和生活状况相结合，很多时候，传播的内容与群众的实际生活和社会热点问题脱节，导致群众对这些价值观的关注度和参与度不高。核心价值观的宣传活动可能更侧重于理论性的讲解，而忽视了如何将这些价值观与群众日常生活中的实际问题相结合，使其更具实用性和指导性。这种脱节使得价值观的传播变得空洞和无力，难以真正渗透到群众的思想和行动中。此外，社会主义核心价值观的传播缺乏有效的激励机制和反馈机制也是一个突出的问题。在一些地方，虽然有相关的传播活动和项目，但缺乏科学的评估和反馈机制来衡量这些活动的实际效果、分析群众的真实反馈。没有有效的评估和激励措施，难以激发基层工作者和群众的参与积极性，也难以根据实际情况及时调整和优化传播策略，从而影响了核心价值观的深入人心。

第二，社会治理的功效较低。基层干部在基层社会治理中扮演着极为重要的角色，但是在社会治理中不免会出现一些贪官污吏滥用职权，不能充分利用自己手中的权力去造福百姓。所谓“廉政奉公，执政为民”，如若运用公共权力做一些私人勾当，将对整个社会造成不良的影响、带来不良的风气，势必会降低基层社会治理的功效。在许多地方，基层社会治理仍然沿用传统的管理模式，缺乏现代化的治理机制和工具。这种传统模式往往以行政指令和自上而下的管理为主，忽视了社会组织和公众的参与，导致治理效率低下。现代社会治理需要多元主体的协同作用，而传统的治理模式难以适应这一要求，从而使得社会治理的效果受到限制。河北省在资源配置上，尤其是在财政、人员和基础设施方面存在较大的区域差异。部分经济较为落后的地区，因财政投入不足和基础设施薄弱，无法有效支撑社会治理工作。这种资源的不均衡不仅限制了基层社会治理的能力，也影响了公共服务的质量和可及性，使得社会治理难以实现预期目标。再者，基层治理人员的素质和能力不足也是制约社会治理功效的重要因素。基层治理人员的工作环境和条件往往艰苦，专业培训和职业发展机会有限，导致许多工作人员在处理复杂的社会问题时缺乏足够的知识和技能。基层治理人员的能力不足不仅影响了政策的实施效果，也降低了公众对治理工作的信任度和满意度，从而使得治理功效受到直接影响。此外，基层社会治理的功效也受到公众参与和社会组织作用发挥不足的影响。在许多地区，社会组织和公众的参与机制尚不健全，社会组织的力量未能得到充分发挥，公众的意见和建议也未能得到有效采纳。社会治理的效果往往依赖于公众的积极参与和社会组织的协同作用，而在参与机制不健全的情况下，治理工作的透明度和公正性受到质疑，影响了治理效果的提升。信息化建设和技术应用的不充分也是基层社会治理功效较低的一个原因。信息化技术的应用能够提升社会治理的科学性和效率，但在一些地区，信息化建设滞后，数据共享和信息流通不畅，使得社会治理的信息基础不完善。这种情况下，治理决策往往缺乏数据支持，治理措施也难以精准实施，从而影响了治理的整体效果。

第三，社会治理方式不当，治理能力欠缺。首先，一些基层自治组织软弱无力，缺乏主动服务意识，缺乏带领百姓走向致富之路的能力，使各项工作都难以推进。在许多基层地区，社会治理仍然以行政命令和自上而下的方式进行，缺乏对基层实际情况的深入了解和灵活应对。这种治理模式往往忽视了社会组织和公众的参与，导致治理手段单一、缺乏创新，治理效果难以显著提升。在复杂多变的社会问题面前，传统的行政手段显得力不从心，无法有效解决群众的实际需求和问题。其次，一些基层干部的担当意识、社会治理能力欠缺，法治观念薄弱，缺乏法律知识，很难做到长期坚持按照法律执法管理，而是等到事情被曝光或上级领导检查，才对存在的问题、漏洞作出表面上的弥补，而这并没有考虑到群众的接受程度，时间久了很容易导致社会矛盾的爆发。基层社会治理需要处理复杂多样的社会问题，包括社区服务、矛盾调解、社会救助等，这些工作需要相应的专业知识和技能。然而，许多基层治理人员在实际工作中缺乏足够的专业培训和实践经验，导致在处理问题时显得力不从心。治理人员的能力不足不仅影响了政策的实施效果，也使得问题的解决方案难以落地，从而导致治理效果不佳。加之部分基层治理人员由于工作压力大、资源不足，可能存在工作积极性和责任心不足的现象，这也进一步加剧了治理能力的欠缺。最后，社会治理方式不当和治理能力欠缺还与资源配置不合理密切相关。基层治理往往需要充分的资源支持，包括财政资金、人员配置和设施设备等。然而，在实际操作中，一些地区因财政资金有限、资源配置不均，导致治理工作缺乏必要的物质基础。资源的不足使得治理人员在实施政策和开展工作时受限，从而影响了治理能力的发挥和治理效果的实现。再者，社会治理方式的单一性也表现为缺乏对社会组织和公众参与的有效利用。在现代社会治理中，社会组织和公众的参与被认为是提高治理效果的重要手段。然而，在一些基层地区，由于社会组织的作用未能得到有效发挥，公众参与的机制也不完善，导致治理工作缺乏广泛的社会支持和合作。社会组织和公众的参与能够为治理工作提供宝贵的信息和资源，同时也能够增加治理工作的透明度和公信力，但在现有的治理方式中，这些方面的利用尚显不足。信息化技术应用的不足也是治理方式不当和能力欠缺的重要原因。信息化技术的应用能够提高社会治理的效率和精准性，但在一些基层地区，信息化建设滞后，数据共享和信息流通不畅，影响了治理决策的科学性和有效性，导致治理决策往往缺乏数据支持，治理措施也难以精准实施，从而降低了治理的整体效果。

第二节　燕赵优秀传统家风家教文化的核心要素

一、待人以“仁”

中华优秀传统文化是燕赵优秀传统家风家教文化的理论来源。中华优秀传统文化有五常之道“仁、义、礼、智、信”，这是规范社会道德的基本准则，是协调人际关系的润滑剂，亦为形成待人以“仁”的燕赵优秀传统家风家教文化提供了坚实基础。

其中，“仁”是“五常之首”，是儒家思想的核心部分。“义、礼、智、信”等都是围绕“仁”展开的，是其延伸和拓展。“仁”的本意是亲和的意思，指人和人之间互相亲爱。即用“仁”去处理社会关系，那么就会形成互帮互助、崇德向善的社会风气。于是“仁”也被燕赵人奉为家风的圭臬，燕赵家风一直崇尚用仁修身、待人以仁，这得益于燕赵的地域文化以及人文精神。

河北旧称“燕赵”，北邻燕山，东临渤海，西靠太行，南至黄河。地处华北平原的北部，兼跨内蒙古高原。河北是中华古文明的重要发源地。一方水土养一方人，在《史记》中就多次描述燕赵人慷慨多侠士的风气，比如广为流传的荆轲刺秦王的英雄事迹。这也渐渐形成了燕赵的地域文化，奠定了燕赵人骨子里的仁义肝胆、待人友善，积淀了燕赵优秀传统家风家教文化的历史底蕴。燕赵历史从不缺英雄，也从不缺仁人志士。前有荆轲舍生取义，后有李大钊苟利国家生死以，再有狼牙山五壮士英勇牺牲、李保国甘于奉献为国为民……这就是河北人特有的人文精神，这就是积累千年的燕赵文化。以“仁”为核心的地域文化以及人文精神造就了燕赵以“仁”为核心的优秀传统家风家教文化。把燕赵文化精神概括为“坚韧朴实、重信尚义、宽厚朴实、求实创新”，与燕赵家风的核心要素“仁”不谋而合。

二、齐家以“和”

中华优秀传统家风文化有着强大凝聚力和创造性。家风文化的精髓之一，是“和合文化”。中国古代思想家首次将“和”与“合”两个单独的字连用成为一个概念，是有中国特色的文化概念。“和”是指和谐共处，和平友善；“合”是指团结合作，万众一心。

先有孔子说“礼之用，和为贵”，后又以家和万事兴贯穿中国人的传统思想。也即中国人认为协调好家庭、大家共同协力发展，家庭就会万事兴。齐家以“和”是指家人紧密相连，凝聚有力，形成夫妻恩爱、父慈子孝、兄弟和睦、尊老爱幼的风尚。“和”不仅仅在于“齐小家”，更在于“齐中国”这个“大家”。河北是革命传承的圣地，无数共产党人为了中国这个“大家”的“和”抛头颅洒热血，留下了宝贵的红色精神财富，为了“家和万事兴”的中国以身践行，不畏艰难砥砺奋斗。抗日战争时期，燕赵儿女勇于和侵略者作斗争，出了众多名将；社会主义建设时期，像马万水、吕玉兰等河北劳模凭借艰苦奋斗和任劳任怨的精神，为社会主义改造贡献自己的力量；改革开放时期，李保国、刘汉章等道德模范无私奉献、心系人民。这些仁人志士都在用自己的行动去构建美丽和谐的中国。历史的底蕴、传统的优秀文化使得“和”也成为燕赵家风的核心要素之一。

由此可见，燕赵优秀传统家风家教文化崇尚“仁”与“和”，它蕴含着待人以“仁”、齐家以“和”的价值观和行为标准。“仁”体现家风“知”的方面的核心要素，“和”则体现家风“行”的方面的核心要素，“仁”与“和”体现了民族地区传统家风知行合一的价值要求。“仁”与“和”的价值追求铸牢了中华民族共同体意识，是河北省基层社会治理中实现共同团结奋斗、共同繁荣发展的显著优势。

第三节　燕赵优秀传统家风家教文化参与和助力基层社会治理的互耦

燕赵优秀传统家风家教文化的核心要素“仁”“和”中的“仁”包括孝、忠、恕、礼、知、勇、悌、宽、信、敏等，放在当代来看就是对自己要有限制的自由，对兄弟姐妹要敬爱，对老人要孝敬，对朋友要真诚信任，对党和国家要忠诚，在社会生活中对人要宽容、有爱心等。同时“和”指与自己和平相处，对家人要和睦，对他人要和气，对国家要和平。通过上述阐述不难看到燕赵家风的核心要素“仁”“和”实际上是在彰显着明理诚信、尊老爱幼、勤俭持家、团结友爱、爱国敬业、奉献社会等内涵，这也对应了燕赵优秀传统家风家教文化中个人、家庭社会和国家这三个方面的要素。所以下文将从个人、家庭社会和国家这三个层面来分析燕赵优秀传统家风家教文化核心要素对河北基层社会治理的参与和助力作用。

一、核心要素参与和助力河北基层社会治理的关系

首先，从个人角度来说，燕赵优秀传统家风家教文化中关于个人的要素

概括起来为“明理、诚信”。一方面，燕赵优秀传统家风家教文化熏陶个人积极进取，学习新事物、新理论，从而实现明理，学有所成；另一方面，燕赵优秀传统家风家教文化教会人们主动成长，诚于己，提高自身道德素养，助力解决国家政策、党政党规、法律法规等未充分向社会基层渗透的问题，积极投身于基层社会建设中，感知与反馈社会基层问题，主动学习与感悟国家政策、党政党规、法律法规，勇做思想先锋，做精神、文化、思想、国家政策和党政党规的传播者，为将来报效社会、国家打下坚实的基础。

其次，从家庭与社会角度来讲，燕赵优秀传统家风家教文化中关于家庭社会的要素概括起来为“尊老爱幼，勤俭持家，团结友爱，奉献社会”。其中，“尊老爱幼”指在家庭中要孝敬父母，尊敬和赡养老人，同时要关爱兄弟姐妹；“勤俭持家”指在家庭中要营造勤俭、勤劳、节约的良好氛围，拒绝铺张浪费；“团结友爱”指在家庭、社会中全体要团结一致，互相之间友好，家庭和睦，邻里团结，社会和谐；“奉献社会”指投身社会服务，从而展现自身的价值，以自己的方式在社会上发光发热。燕赵优秀传统家风家教文化中关于家庭社会的要素，一方面要通过家庭成员学习、保持和发扬这些品质发挥作用；另一方面通过具有优良家风的个人、家庭和团体影响邻里、附近的区及乡镇等地区，在当代信息通讯极为方便的条件下，可以对更多的人起到表率、引导与促进作用。燕赵优秀传统家风家教文化助力解决部分村委会、小区委员会、街道办事处等部分基层管理部门缺少责任担当的问题；在一定程度上促进社会治理部门的治理能力的提升，使社会管理体制中的机构职能设置更加完整，同时丰富基层社会治理的理论、方法和路径等。

最后，从国家角度来讲，燕赵优秀传统家风家教文化中关于国家的要素可以概括为“爱国敬业”。“爱国”指的是爱党、爱国、爱人民，更加爱这片土地。“敬业”指干一行爱一行，遵循职业道德规范，坚持自己的职责本分。个人要在爱国敬业中升华自身的价值。比如入党参军，拥护党和国家的领导，积极响应国家的政策；个人发起以党、国家政策为主题的思想传播活动，传播思想文化，提高文化自信的作用，提高社会基层组织的凝聚力，助力建设富强、民主、文明、和谐，自由、平等、公正、法治，爱国、敬业、诚信、友善的社会。

二、燕赵优秀传统家风家教文化与时代偕行的经典案例

燕赵优秀传统家风家教文化彰显了文以载道、以文化人的教化思想，形神兼备、情景交融的美学追求以及俭约自守、中和泰和的生活理念。这是燕赵大地上一批又一批的仁人志士为人民解放不断奋斗、为人民利益不惜牺牲、为人民幸福不断求索的结果。燕赵优秀传统家风家教文化代代相传、与时俱进，在当今时代，燕赵优秀传统家风家教文化仍然指引着一批仁人志士在奋勇前进，为河北省基层社会治理以及实现治理能力现代化不断奋斗。

案例一：子承父业——苏志磊

家在河北衡水的苏志磊，受到父亲的红色家风的影响，他"子承父业"扎根于农村，书写出属于他的青春答卷。

苏父自从入党开始，便以共产党员的标准严格要求自己，热爱学习，关心国家时政，紧随时代步伐，身为党员干部，他积极发挥先锋模范作用；在自家事务上，苏父注重对子女的教育，对子女的管教严格，"以身教者从，以言教者讼"，他赡养老人，处理好家庭关系，一家人有爱和睦；在工作中，苏父的一生恪守的十二字工作要求——"爱党亲民、热情工作、清白做人"，得到村民的拥护与支持。子女工作之后，苏父亲笔留言："上一代给下一代留下什么？留勤奋、高尚、规矩、正派、学识。千万不可留自在。"

就这样，在父亲的红色家风影响下，苏志磊同样严于律己、勤奋努力。他坚持读党刊、党报，在大学期间便参加过《河北日报》举办的活动。大学毕业后，他并没有选择安逸，而是申请成为一名西部志愿者，从冀东南的衡水到渝东南的彭水做志愿服务工作。在全县众志成城为实现脱贫攻坚而努力时，苏志磊申请到扶贫的第一线，组织将他任命为"大林村第一书记"。上任之后，他始终将脱贫攻坚作为工作的头等大事来抓，严于律己，充分发挥第一书记的模范带头作用，造福了当地的百姓。可见，红色家风对苏志磊的影响深远，使他成为一位有理想、有抱负的基层干部，为基层社会治理贡献了属于他的一份力量。

家风造就了优秀的品质，苏志磊带着这份优秀的品质报效社会、报效国

家。当上大林村村书记后，苏志磊到处走访群众，慢慢熟悉当地方言，努力融入百姓的生活中。他关心村民，关爱老人，甚至会亲自打电话提醒老人就医。他的那辆二手摩托车，一年要随他行走3000多公里，一年下来要换5个轮胎，从白天到黑夜，苏志磊都在恪尽职守、努力工作。

为实现带领农民脱贫致富的目标，苏志磊初上任便开始实地考察，并邀请专家进行实地论证，最终他将眼光放在了林果业项目上，以退耕还林为契机，带领村民走出去学习，采取因地制宜和分类发展的方式，协同村支两委帮助村民引进果林新品种，引导村民突破不重视品质、品牌等盲目种植的瓶颈。此外苏志磊也在想办法联系社会爱心个人、组织和企业，通过在同学群、微信朋友圈推广农产品，建立起结对帮扶机制。身为基层领导，他善于观察、勤于思考，不断为百姓谋出路，带领百姓走向脱贫致富之路。

苏志磊不但致力于脱贫攻坚，也在积极做好文化建设。他以《以人民为中心 为人民谋幸福》为主题给参会党员上了一堂党课，传播国家政策方针，帮助党员准确理解中国共产党人的初心和使命；他加强了便民服务中心的文化建设，营造浓厚的氛围。作为基层干部，他深入推进精准扶贫、党风廉政建设的宣传工作，弘扬崇廉尚洁、勇于担当的良好风尚，真正做到了党的建设与廉政建设、脱贫攻坚、便民服务的相互融合，真真切切地做到了利用手中的权力廉洁奉公、执政为民，他所展现的官责和官德，处处体现了家风赋予他的优秀品质，这种优秀品质助他提高了基层社会治理的功效。

案例二：最美家庭——成千珍

燕赵优秀传统家风家教文化影响深远，不仅影响个人、家庭，对整个社会、国家同样起到了不可替代的作用。2015年，成千珍的家庭获得了河北省“最美家庭”的荣誉称号，成千珍是燕赵优秀传统家风家教文化极具代表性的践行者和传播者。1949年，成千珍的父亲在渡江战役中壮烈牺牲，被追授为革命烈士。成千珍从小就谨记父亲生前教诲，将烈士父亲的革命奋斗精神转化为生活的勇气，她一边照顾重病的母亲和残疾的弟弟，一边发奋学习文化知识，最终成为一名人民教师，实现了自身价值。

受父亲那一辈革命家精神的影响，她只讲付出，不讲索取，拿出家里准备盖房的 9 万元去改善村里的基础设施，硬化村道、修建排水沟、安装路灯等。当今和平年代，成千珍仍然不忘艰苦岁月，秉持勤俭家风，她生活俭朴，对吃穿毫无追求，家中依旧保持着抗战年代留下的烧火的土炕，院子里可以看见她常吃的蔫蔫巴巴的萝卜干，不仅如此，她有时候还到地里挖野菜、红薯叶，以此来缩减饮食。成千珍在父辈传承的红色家风的影响下，培养出了优秀的品质，造就了独立的性格。

不仅如此，成千珍也是燕赵优秀传统家风家教文化的传播者，她经常拿出父亲的烈士证书教导两个儿子要爱家爱国、勇于担当。多年来，她不仅供养两个儿子，还拿出自己省吃俭用的钱照顾娘家的弟弟、侄女一大家子人，不但帮残疾的弟弟和先天发育不良的两个侄女成了家，还供应着两个侄孙上学。一大家子就是在这样革命家庭红色家风的耳濡目染下，逐渐成长为对国家有用的人才。成千珍的教育颇有成效，她的儿孙们也都十分爱护这个有着浓郁红色精神的家庭，受成千珍的影响，常常跟着她到孤寡老人家做家务，例如扫地、挑水等，为村里做些力所能及的事情，也为建设美丽乡村发光发热。两个儿子相继成家立业，也都在各自的岗位上兢兢业业、发光发热，不断传播红色精神。成千珍为了传承父亲的遗志，在二儿子 18 岁时，把他送到了万里之外的云南红河州高炮旅参军。在这样浓郁的红色家风下成长的二儿子，在部队吃苦耐劳、奋勇争先，第二年就被授予了中士军衔，荣获嘉奖多次，并被任命为高炮班班长，为国家培养了优秀的军事人才。

正是这样的成千珍，在退休后以全票当选村支部书记，村里的大事小事，都喜欢喊这位“成妈妈”“成奶奶”上阵。由此可知，成千珍为社会基层治理作出了不可磨灭的贡献。

案例三：人民楷模——李保国

燕赵优秀传统家风家教文化蕴含着丰富的道德理念和规范意识，如爱国爱党、敢于担当的责任意识，崇德向善、恪尽职守的社会风尚，艰苦奋斗、有所作为的价值观，都潜移默化地影响着我省人民的行为方式。

李保国出生于河北武邑县一个普通的农民家庭。原生家庭给了他更多机会去了解农民，也让他对脚下的土地有着极为深厚的感情。这似乎昭示着他注定会跟农民打交道，为农民着想、为人民服务。大学期间，他在河北林业大学读书。毕业后他留校教学，恰巧碰上学校决定在太行山建立研究基地，李保国毫不犹豫地作为最年轻的成员申请加入。别人劝他好好当教授，轻松自在，但他却说到祖国需要的地方去一样实现人生价值，并和同事选择了最难、最贫穷的前南峪村作为开发试点，丝毫不惧困难。他见不得百姓受苦，想要学以致用造福人民群众，不畏艰辛，甘于把自己的青春奉献给太行山。他说：“这辈子最过瘾的一件事是把自己变成了农民，还有一件事，就是把农民变成了我。”

他“把自己变成农民”，从一名大学教授变成当地人口中亲切的“农民教授”，没有一点架子，衣着朴素，勤俭节约，任劳任怨地深入基层了解农民疾苦和需求，真正地想着怎么为人民谋福祉、干实事。他“把农民变成了我”，身为“时代楷模”“最美奋斗者”“全国优秀教师”，李保国培育出许多优秀人才，他的事迹感染着当地人，他的精神也影响着后继者。他授人以鱼更授人以渔，在大山里开培训班，让果农上中专。越来越多的人加入扶贫工作，践行着“太行山的愚公”精神。三十多年来，身为教授，他钻研科技创新，主持完成了 9 部教材的编写，培养了一批批优秀人才，更言传身教、以身作则树立好榜样；身为扶贫者，他让 140 万亩荒山焕发生机，带领十万农民脱贫致富，是当之无愧的最美奋斗者；身为党员，他长期奋战在扶贫攻坚第一线，坚持全心全意为人民服务的宗旨，成为全国优秀共产党员、燕赵楷模。

良好的家风塑造了李保国，李保国也带来了优秀的家风。李保国想要深入基层，就带着妻子和不满一岁的儿子离开家属院走进太行山。当时条件艰苦，经常睡在车里，当小孩哭喊着要回城市里的家时，他总跟妻子说要舍小家为大家。在河北农大家属院，他们待的时间最短。有时候研究经费不够，李老师就自己掏钱补贴。在“富岗苹果”刚研究的时候，李保国自掏腰包买了价值 16 万元的果袋，研究苹果套袋技术。他只想着怎么做对人民有利，从不在乎名利。他带着一家老小穿梭于各个帮扶基地，在大山里无私奉献，三十五年如一日。他淡泊名利、无私奉献，他创造的宝贵家风财富也影响着妻子、儿子。

三、大学生对燕赵优秀传统家风家教文化的认知

大学生对燕赵优秀传统家风家教文化传承的学习和认可是有一定的基础的，有很大的一部分人是愿意学习并且深入了解燕赵优秀传统家风家教文化的，并且希望在自己的身上得到延续，但是仍然存在很多问题。第一，高校学生群体对于燕赵优秀传统家风家教文化是比较了解的，也有意愿去学习，但是也有将近三分之一的学生对于燕赵优秀传统家风家教文化是不了解的。看来，燕赵优秀传统家风家教文化的宣传和普及并没有实现对大学生的全覆盖，需要加强重视。第二，大学生在燕赵优秀传统家风家教文化的传承中积极性不够。大家普遍认识到了燕赵优秀传统家风家教文化的传承与生活息息相关，也有意愿去传承这样的文化，但是参观革命遗址的频率不够高，主动去学习和传承的动力还有待加强。第三，没有吸引力、大力宣传却浮于表面、国外思想的涌入等原因导致大学生从燕赵优秀传统家风家教文化中学习到的东西很少，或者只是浮于表面，并没有学习到其中实质性的东西。第四，大学生对燕赵优秀传统家风家教文化的思想实质和精神实质挖掘得不够，与新时代的结合不够，不能更好地调动学生的积极性。要让同学真正认识到燕赵优秀传统家风家教文化的意义，形成一个良好的学习和宣传燕赵优秀传统家风家教文化的氛围也成为现在迫切需要思考的问题。

大学生对传统文化的认知受多重因素的影响，包括家庭背景、教育经历以及个人兴趣等。家庭背景对大学生的传统文化认知有着直接影响。那些家庭中重视传统文化的学生，往往能在早期接触并内化这些传统价值观，比如通过家庭聚会、节日庆祝等活动感受到传统文化的氛围。此外，家庭中长辈对传统家风家教的言传身教，也在学生的成长过程中起到潜移默化的作用，使他们对燕赵传统文化有更深刻的理解和认同。在校期间，大学生接触的课程和活动对他们的文化认知有着直接的塑造作用。如果学校设置了有关传统文化的课程或开展了相关的文化活动，例如家风家教讲座、传统文化节等，学生能够在系统学习和实践中对燕赵优秀传统家风家教文化有更加全面和深入的了解。在这些活动中，学生不仅可以学习传统文化的基本知识，还能通过参与体验、讨论和研究，提升对传统家风家教的认知深度和广度。然而，

并非所有大学生都有相同的机会和条件来接触和学习传统文化。某些学生可能由于课程设置不全面或个人兴趣不足，对燕赵传统文化的接触较少。这种认知差异可能导致学生在对传统文化的理解上存在较大的落差。一些学生可能对传统文化的价值和意义了解不够，导致他们在面对传统文化的具体内容时往往缺乏足够的认知和兴趣，这在一定程度上影响了他们对家风家教文化的实际认同。同时，社会环境的变化也对大学生的传统文化认知产生了影响。现代社会快速发展，尤其是信息技术的普及，改变了学生获取信息的方式，可能导致传统文化的传播方式和内容被现代化和多样化的文化现象所覆盖。在这样的环境下，一些大学生可能对传统文化的关注度下降，更倾向于关注与现代生活紧密相关的内容，如科技、娱乐等新兴领域。因此，如何在信息化和全球化的背景下有效地传播和普及传统文化，成为提升大学生对燕赵传统家风家教文化认知的重要课题。如何结合现代教育手段和社会实际需求来提高大学生的文化认知水平和实际应用能力，是未来需要重点关注的问题。

大学生对燕赵优秀传统家风家教文化的认知，受教育资源和内容的影响深远。教育经历在大学生的文化认知中扮演着关键角色，尤其是在高等教育阶段，大学生所接触的课程设置和课外活动对他们的传统文化认知有着重要影响。大学通常通过课程设置、讲座、社团活动等多种形式引导学生了解和学习传统文化。如果学校在课程中系统地融入燕赵传统家风家教文化，通过传统文化课程、讲座和实地考察等方式，使学生能够深入理解这些文化的背景、核心思想和实际应用，就能显著提高学生的文化认知水平。传统文化课程在大学教育中的设置不仅需要系统化的教学内容，还应具备一定的互动性和实践性。例如，课程可以涵盖传统家风家教的历史背景、核心价值观及其在现代社会中的应用等方面。同时，开展专题讲座和研讨会，让学生有机会与传统文化专家直接交流，从而使学生对燕赵传统家风家教文化有更深刻的理解。实际的参观和体验活动，如访问传统家族企业、参与文化遗产保护活动等，能够让学生在实践中感受到传统文化的实际意义，从而增强他们对传统文化的认同感和兴趣。校园中的文化活动也是影响大学生传统文化认知的重要因素。学校通过组织传统节日庆祝活动、文化艺术节和以家风家教为主题的社团活动，为学生提供了直接接触和参与传统文化的机会。例如，组织传统书法、礼仪、音乐等体验活动，可以让学生在亲身参与中更好地理解和吸收传统文化的精髓。通过这些活动，学生不仅能学习到传统文化的知识，还能体验到传统文化的魅力，从而提升他们对燕赵优秀传统家风家教文化的认知水平。然而，课程设置和校园活动的有效性还依赖于教师队伍的素质。教师的专业知识和教学能力直接影响到学生对传统文化的理解。如果教师能够将传统家风家教文化的深厚内涵与现代教育方法相结合，用生动的案例和实际的应用来讲解文化内容，将极大地提高学生的学习兴趣和认知水平。因此，学校应加强对教师的培训，使其具备扎实的传统文化知识和丰富的教学经验，从而更好地引导学生了解和学习燕赵优秀传统家风家教文化。

大学生对燕赵优秀传统家风家教文化的重视程度，直接反映了他们对传统文化的实际态度和行为取向。重视程度不仅体现在对传统文化知识的学习上，还涉及对文化实践的参与和对传统价值观的认同。在大学阶段，学生的价值观和人生观正在形成和成熟，这一过程往往受到多种因素的影响，包括家庭背景、学校教育、社会环境等。大学生对传统文化的重视程度不仅取决于他们对文化知识的了解，还取决于他们是否能够在日常生活中将这些知识和价值观付诸实践。大学生对燕赵优秀传统家风家教文化的重视程度，往往体现在他们对相关课程和活动的参与积极性上。如果学校提供的课程和活动形式多样且富有吸引力，那么学生参与的积极性也会相应提高。例如，当课程内容涵盖燕赵地区的家风家教故事、传统礼仪以及其对现代社会的影响时，学生对这些内容的兴趣会增加。相关的课外活动，如家风家教主题的讲座、文化交流会、传统工艺体验等，也会引发学生的积极参与，进一步提高他们对传统文化的重视程度。通过这些活动，学生不仅能够了解到燕赵优秀传统家风家教文化的具体内容，还能够在实践中感受到其实际应用和重要性，从而加深对传统文化的理解和认同。大学生对传统文化的重视程度，还反映在他们如何将传统价值观融入日常生活中。如果学生在生活中积极践行传统家风家教文化的理念，比如尊敬长辈、诚实守信、孝敬父母等，这表明他们对这些文化价值观有较高的认同感和重视程度。在一些校园内的文化活动中，学生通过参与传统节日庆祝、家庭教育实践活动等，能够将传统文化的理念与实际行动结合起来，这种实践不仅能增强学生对传统文化的感知，还能促进他们对文化价值的内化和践行。然而，大学生对传统家风家教文化的重视程度也可能受到现代社会压力和个体选择的影响。现代社会中，快节奏的生活方式和多元化的价值观可能使得一些学生对传统文化的重视程度有所下降。特别是在面对学业、就业等压力时，学生可能更多关注实际问题，而忽视了对传统文化的学习和实践。为了提高学生对传统文化的重视程度，学校和社会应采取措施，如通过增强传统文化教育的实用性和趣味性，开展更多形式多样的文化活动，提供更多接触和实践传统文化的机会，以激发学生的兴趣、提高其重视程度。

大学生对燕赵优秀传统家风家教文化的态度受多种因素的影响，这其中包括个人家庭背景、社会环境、学校教育以及文化传承的方式等。这些因素的共同作用，决定了大学生对传统文化的接受度和重视程度。在具体表现上，大学生对传统家风家教文化的态度不仅体现在他们对传统文化知识的兴趣和参与度上，还涉及如何在生活中实践这些文化理念。个人家庭背景对大学生的文化态度有着深远的影响。如果学生来自重视传统文化的家庭，他们可能从小就受到传统家风家教的熏陶，对燕赵地区的家风家教文化有较高的认同感。这种文化背景的影响，会使他们在大学阶段对相关课程和活动表现出更高的兴趣和参与度。反之，来自传统文化接触较少的家庭的学生，可能在进入大学后对这些传统文化的认知较为薄弱，这可能导致他们在传统文化学习和实践方面的兴趣和重视程度较低。在现代社会，尤其是城市化进程加快、互联网技术普及的背景下，社会风气和价值观多元化的趋势愈加明显。这种环境可能导致一些学生对传统家风家教文化的认知和重视有所淡化。随着全球化和文化交流的增加，外来文化和现代生活方式对学生的影响也在不断增加，可能使得传统文化的学习和实践被边缘化。因此，如何在多元化的社会环境中保持和弘扬传统家风家教文化，成为一个重要课题。学校教育在大学生对传统文化的态度形成中扮演着至关重要的角色。课程设置、教学方法和文化活动的安排，都直接影响学生对传统文化的认知和兴趣。学校通过开设与传统文化相关的课程，如家风家教的历史与现状、传统节日的庆祝方式等，可以增加学生对这些文化的了解。同时，学校还应注重通过实践活动来增强学生对传统文化的感知。例如，组织传统工艺体验、以家风家教为主题的讲座和文化交流活动，能够使学生在实际参与中感受到传统文化的魅力和价值，从而提高他们的重视程度。文化传承的方式也是影响大学生态度的重要因素。如果传统文化的传承方式比较单一，比如仅仅通过课堂教学来进行，而缺乏生动有趣的实践和互动环节，那么学生对这些文化的兴趣可能会受到限制。为了提升大学生对传统文化的重视程度，传承方式需要更加丰富和多样化，包括通过现代技术手段如数字化展示、线上线下相结合的活动等来激发学生的兴趣。此外，结合当下年轻人的兴趣点创新传承方式，能够有效提升他们对传统家风家教文化的认同和实践意愿。

社会对燕赵优秀传统家风家教文化的重视程度以及对大学生的期望，也深刻影响了大学生对这些传统文化的认知与实践。随着社会对传统文化认知的加深及价值的提升，尤其在国家政策和社会舆论的引导下，大学生的文化认知和态度也在不断变化。具体来说，社会对燕赵优秀传统家风家教文化的认知程度和重视程度，会对大学生的文化态度产生深远的影响，这种影响表现为以下几个方面。首先，社会对传统文化的宣传和重视程度直接影响大学生的文化认知。在国家大力倡导文化自信和传统文化振兴的大背景下，社会对传统家风家教文化的关注也逐渐增加。例如，政府和社会组织通过多种途径加强传统文化的宣传和普及，比如举办传统文化节、设立传统文化奖项、推广传统家风故事等，这些举措有助于提高公众对传统文化的认知。对于大学生而言，社会对传统文化的重视不仅提升了他们的文化自豪感，也激发了他们学习和实践传统文化的兴趣。因此，社会的认知和关注度会直接影响大学生对燕赵优秀传统家风家教文化的态度和行为。其次，社会对传统文化的期望也会影响大学生的文化认知。社会普遍对大学生有着较高的期望，期望他们不仅能够继承和发扬传统文化，还能在现代社会中加以创新和应用。这种期望不仅来自家庭和学校，也体现在社会的各个层面，如媒体、企业和公共政策等。社会对大学生的期望不仅局限于对传统文化知识的掌握，更包括对传统文化的实际应用和传承。因此，大学生在面对这些期望时，会更加注重自身对传统文化的学习和实践，以符合社会的期待。再次，社会对大学生的支持和激励措施也是提升其对传统文化认知的关键因素。社会可以通过设置奖学金、评选优秀传统文化传承者、开展文化创新大赛等形式，激励大学生积极参与传统文化的学习和实践。这些措施不仅能够增强大学生对传统文化的兴趣和认同感，还能够激励他们在学习和实践中投入更多的精力和创意。最后，社会的支持还可以体现在为大学生提供更多的实践机会和资源，如组织传统文化体验活动、开设传统工艺课程等，从而增强他们对传统文化的实际感受。在大学生对燕赵优秀传统家风家教文化的认知过程中，社会的引导和支持起着不可忽视的作用，直接影响大学生对这些文化的认知和实践。通过提升社会对传统文化的关注、增加对大学生的支持和激励，能够有效促进大学生对燕赵优秀传统家风家教文化的深入理解和积极实践，从而推动传统文化在年轻一代中的传承与创新。

在大学生对燕赵优秀传统家风家教文化的认知过程中，实际体验与学习机会的不足也显著影响了他们对这些文化的深入理解和认同感。这一问题存在的根源在于传统文化教学资源的稀缺、实践活动的局限性以及教育模式的滞后，这些因素限制了大学生对传统家风家教文化的接触和体验。燕赵优秀传统家风家教文化的教学资源往往较为有限。在很多高校中，传统文化课程的设置多以理论讲授为主，实际的文化体验和实践机会相对较少。虽然课程内容涵盖了大量的传统文化知识，但这些内容往往局限于书本和课堂讨论，缺乏实际的体验环节。传统文化的学习不仅需要理论知识的支持，更需要通过实地考察、传统工艺的体验、参与家风家教实践等方式来加深理解。由于实际体验机会的不足，大学生对传统文化的认知往往停留在表面，难以形成深刻的感知和认同。传统文化实践活动的局限性也影响了大学生对燕赵传统文化的认知。虽然一些高校和社会组织会定期举办文化节、讲座等活动，但这些活动的频次和规模往往无法满足所有大学生的需求。许多实践活动由于资源限制和组织能力的不足，难以提供全面而深入的文化体验。在这种情况下，大学生对传统文化的接触主要依赖于少数几次活动，无法形成系统而完整的认知。相对于传统文化的丰富内涵，这种有限的实践机会显得捉襟见肘，难以满足大学生的学习需求。再者，传统文化教育模式的滞后也是一个重要因素。许多高校在传统文化的教学中，仍然采用以讲授为主的传统教学模式，缺乏互动性和参与感。这种单一的教学模式无法激发学生的兴趣和参与度，也难以培养他们对传统文化的实际操作能力和创新能力。与现代教育理念和技术的发展相比，这种传统的教学模式显得过于陈旧，不能有效地调动大学生的积极性，导致他们对燕赵优秀传统家风家教文化的认识较为肤浅。

四、大学生对燕赵优秀传统家风家教文化的传承

（一）在思想政治课中弘扬燕赵优秀传统家风家教文化

对于当代大学生来说，他们已经具备独立思考的能力，对于事情拥有自我的判断能力，不会再像以前一样，对于事情的判断来自他人的一味灌输，而作为大学生，思想政治课也是他们进行学习的一个重要形式，所以进行相应的思想政治教育也是一个十分重要的环节，而讲好思想教育课程，让课堂教育拥有更好的效果，课堂教育的方式方法也是十分重要的。

兴趣是最好的老师，一节有趣的课堂是提升课堂效率最有效的方式，老师可以通过一些视频或者故事来进行教学，例如，教师可以播放《朗读者》节目中赵一曼的家书等来渲染气氛，家书中体现了母亲对于儿子的期盼，证明教育不需要过多的言语，以身作则是最好的教育，家长也在孩子的心目中成为榜样，以此让学生们感受到家书中的爱国情怀、家风教育的重要性。我们所面对的对象是大学生，在教育的过程中不能一味地灌输，需要学生自己创新，在这个不断发展的时代，或许原来的一些教育方式已经不再适合当代的教育，必须要进行创新。教师可以通过小组合作的形式来让学生们展现他们自己对于燕赵优秀传统家风家教文化的理解。

（二）在校园文化活动中弘扬燕赵优秀传统家风家教文化

大学校园是大学生的重要生活场地，是对学生们进行思想教育的重要路径，刚刚从焦灼的高中步入大学生活，学生对大学的校园生活是十分好奇与向往的，所以学校要把握好这个时机，做好燕赵优秀传统家风家教文化的宣传工作。校园教育是向同学们宣传燕赵优秀传统家风家教文化的重要途径。

首先，渲染燕赵优秀传统家风家教文化的氛围，可以通过校园横幅、校园海报等途径。横幅、海报是成本较低的宣传方式，而且可以让学生发挥自

己的想象力、创造力，发挥学生们的特长，让他们切身体会其中的乐趣，使自己对于燕赵优秀传统家风家教文化的印象更加深刻，使宣传效果更加明显。

其次，加强校园广播建设，烘托良好的校园氛围，创办以燕赵优秀传统家风家教文化为主题的校园演讲比赛，增强学生对燕赵优秀传统家风家教文化的兴趣，鼓励学生多看与燕赵优秀传统家风家教文化有关的书籍，加深学生对燕赵优秀传统家风家教文化的认识。可以创办与燕赵优秀传统家风家教文化有关的阅读角，为学生们获取知识提供便利，让学生们在学校中的方方面面都能够感受到燕赵优秀传统家风家教文化的气息，让学生们感受到燕赵优秀传统家风家教文化的重要性。

最后，实践是检验真理的唯一标准，学校要组织学生们进行燕赵优秀传统家风家教文化实践活动，组织学生观看与燕赵优秀传统家风家教文化有关的影视节目，或者带领学生们到与燕赵优秀传统家风家教文化有关的纪念馆参观，使其感受燕赵优秀传统家风家教文化、重温燕赵优秀传统家风家教文化，进行提升自己、完善自己。

（三）在网络平台中弘扬燕赵优秀传统家风家教文化

在当今的时代，网络成为我们生活中不可或缺的一部分，手机更是已成为大学生生活的一部分。网络既然已经融入我们的生活，那么可以利用网络来完成我们对燕赵优秀传统家风家教文化文化的宣传工作。

抖音短视频、QQ、微信、微博等，已经成为人们获取信息的主要来源，而我们要紧跟时代的发展，通过制作短视频来广而告之，也可以制作与燕赵优秀传统家风家教文化有关的网站，设置与燕赵优秀传统家风家教文化有关的主页，设立与燕赵优秀传统家风家教文化有关的讨论平台，让学生通过网络的讨论来完善自己对燕赵优秀传统家风家教文化的理解。可以通过校园选拔的方式来选取角色，拍摄与燕赵优秀传统家风家教文化有关的微电影，或者创办与燕赵优秀传统家风家教文化有关的校园歌曲大赛，让燕赵优秀传统家风家教文化融入学生的生活。要传播积极向上的思想观，使大学生树立正确的价值观，学习燕赵优秀传统家风家教文化，传承燕赵优秀传统家风家教文化，以先辈为榜样，为先辈而自豪，加强宣扬燕赵优秀传统家风家教文化的故事，传播革命先辈们的精神，让燕赵优秀传统家风家教文化为我们指明前进的方向。

第四节 燕赵优秀传统家风家教文化参与和助力基层社会治理的路径优化

一、燕赵优秀传统家风家教文化参与和助力河北基层社会治理的价值

研究燕赵优秀传统家风家教文化参与和助力河北基层社会治理的价值可以使我们对红色家风以及社会基层治理有一个更深层次的了解。家风家教不仅仅是在一个家庭之中传承影响，燕赵优秀传统家风家教文化也会在社会中传播，国家也颁布了相关的政策进行规范，强调了家风的重要性。燕赵优秀传统家风家教文化的研究不仅有应用价值，也有学术价值。

从研究的应用价值看有三个方面：第一，燕赵优秀传统家风家教文化研究不仅有助于促进河北省地区的家庭和谐建设、有助于铸牢中华民族共同体意识，而且有助于参与和助力河北省基层社会治理体系和治理能力现代化的落实和发展。第二，燕赵优秀传统家风家教文化研究有助于深入挖掘河北省优秀文化的价值内涵，进一步激发河北省优秀文化的生机与活力。从理论上指导实践，有助于反思现实中的各类家庭教育问题，有助于河北省提出当代家风“爱国爱家”“共建共治共享”的社会治理策略，具有很强的现实性和针对性。第三，燕赵优秀传统家风家教文化研究还可以给相关学科的应用性问题提供启发的思路，促进相关政策加强支持，完善构建河北省优秀文化传承发展体系。例如，燕赵优秀传统家风家教文化研究有助于推动河北省回归孝道本义，为应对人口老龄化高峰、解决养老金缺口问题提供新思路；有助于促进河北省家庭成员和睦、相亲相爱、向上向善的家庭伦理的形成，有助于

人们对“老有所养”社会学问题进行深入思考。

从研究的学术价值看也有三个方面：第一，研究燕赵优秀传统家风家教文化传承性有助于展现中华文化的独特性，可以进一步增强河北文化自觉和文化自信。燕赵优秀传统家风家教文化的当代传承增强了河北省人民内心深处的自信和自豪，这从学理上增强了河北省人民对中华文明的文化认同感和归属感，增强了理论自信和文化自信。第二，研究燕赵优秀传统家风家教文化创新性有助于丰富和发展马克思主义，推动马克思主义中国化、时代化、大众化和具体化。新时代燕赵优秀传统家风家教文化是马克思主义在当代中国社会的本土化、大众化和具体化的发展形势。第三，研究燕赵优秀传统家风家教文化与基层社会治理的互动关系及互动机制弥补了已有研究理论的不足。已有的传统家风研究要么从各个具体历史时代研究某个家训案例及其合理价值，要么从历史时代研究其发展性，而站在历史的角度深入系统地研究两者结合机制、关系的还比较少见。因此，本研究有望弥补这个理论建设和发展的缺陷。

二、燕赵优秀传统家风家教文化核心要素承继机制

继承和弘扬燕赵优秀传统家风家教文化，不仅是将燕赵优秀传统家风家教文化的内容一成不变地加以传承和宣扬，而是要整理并发扬其核心要素体现的精神思想，并与中国的时代精神相契合，从而按照一定的原则与机制进行承继。

（一）燕赵优秀传统家风家教文化核心要素承继的原则

燕赵优秀传统家风家教文化崇尚“仁”与“和”，这有别于其他地区的传统家风家教文化，因此继承燕赵优秀传统家风家教文化也需要特有的原则。

第一，要合理科学地承继燕赵优秀传统家风家教文化。燕赵大地的优秀传统家风家教文化能够对后辈的品格为人产生深远影响，具有一定的切实性与真理性。在承继燕赵优秀传统家风家教文化的核心要素的进程中，要科学地宣传弘扬家风并科学地引导大众，使大众了解到承继燕赵优秀传统家风家

教文化对他们的重要影响。

第二，要在继承过程中不断与时代精神相契合，与中国的先进性发展要求相结合，不断扩充燕赵优秀传统家风家教文化的核心要素，使其向前发展。随着中国社会的向前发展、人们文化精神素质的不断提升，承继燕赵优秀传统家风家教文化的方式方法也越来越先进。我们可以以先进的现代信息技术为媒介提高对燕赵优秀传统家风家教文化的宣传弘扬效果。

第三，要肯定燕赵优秀传统家风家教文化核心要素的真理性。在承继过程中不可对核心要素随意删除，燕赵优秀传统家风家教文化是老一辈留给子孙后代宝贵的精神财富，是当今全体党员干部进行党建及人民进行家风建设的重要来源，只有认同并肯定燕赵优秀传统家风家教文化的核心要素，才能对其进行弘扬和传承。

（二）燕赵优秀传统家风家教文化核心要素承继的机制

首先，家庭在燕赵优秀传统家风家教文化核心要素传承上具有不可替代的作用。在日常家庭生活中，长辈可以潜移默化地引导儿孙学习、继承和发扬燕赵优秀传统家风家教文化的精神并以身作则，给孩子树立一个好的榜样，在茶余饭后、点点滴滴的小事中引导子孙发扬和承继燕赵优秀传统家风家教文化。

其次，学校在燕赵优秀传统家风家教文化核心要素传承上具有不可忽视的作用。在学校，教师的一言一行会对学生的发展成人具有不可忽视的影响。学生在学校受到的教育会对其产生极其重要的影响。学生在学校系统地学习知识培养思想品德，从而慢慢形成自己特有的人生观、价值观。这就意味着当今时代教师不仅担负着授业解惑的职责，更担负着传道的使命。教师可以寓教于乐，让学生了解家风家教故事，或者带学生实地走访一些革命家庭，探访一些革命老人，听听当年的红色故事，参观红色纪念馆，从而使其深刻学习了解红色家风精神及其核心要素，将理论与实践相结合。

最后，社会宣传在燕赵优秀传统家风家教文化核心要素传承上具有显著作用。在当今5G信息时代，信息技术不断向前发展，使用新媒体、微信、微博等技术平台弘扬燕赵优秀传统家风家教文化核心要素会具有事半功倍的效果。可以通过创立燕赵优秀传统家风家教文化微信公众号、微博来发布一些家风故事的实时动态，或者通过开发有关家风问答的小游戏、以动画闯关的形式来引导小朋友进行燕赵优秀传统家风家教文化的继承，从而加大对燕赵优秀传统家风家教文化核心要素的宣传力度。

三、燕赵优秀传统家风家教文化参与和助力基层社会治理的对策

燕赵优秀传统家风家教文化具有很高价值，要助力河北基层社会治理，那么燕赵优秀传统家风家教文化就应该得到良好的宣传进而扎根基层，渗透到人们的生活中，努力扎根到人们的衣食住行、娱乐休闲等各方面。可以从多方面宣扬燕赵优秀传统家风家教文化的重要性及积极影响，通过不同的手段让燕赵优秀传统家风家教文化融入基层，助力河北基层社会治理。

家风首先影响的是家庭，进而才会对社会、国家产生影响，而父母是孩子的第一任老师，由此可见家庭教育的重要性，因而拥有良好的家风尤其重要，会在无形中影响着下一代人的成长。燕赵优秀传统家风家教文化渗透到生活中，会潜移默化地使一个人树立正确的人生观及价值观，使一代青少年成长为国之栋梁。要让燕赵优秀传统家风家教文化助力社会基层治理，就要让家风传承下去，使孩子从小接受家风的熏陶。燕赵优秀传统家风家教文化要传承发展，助力河北社会基层治理，就要保证河北政府官员的廉洁，使其一心向党，致力于服务人民，为百姓做实事、谋福利。因为家风影响政风、影响社会的治理，所以我们在关注干部的政风的时候尤其要注意家风。关于党员干部的家风，早在新中国成立初期，毛泽东同志就在如何对待亲情上定下三条原则：恋亲不为亲徇私，念旧不为旧谋利，济亲不为亲撑腰。良好的家风拒绝官员腐败，可以防止腐败风的滋长，在苗头上予以阻止。良好的家风有助于党员干部形成廉洁的品质，而党员干部不管是在家中还是工作中都要以身作则，发挥表率作用，用自身的行为影响教育下一代，将家风家教文化传承下去。

首先，加强燕赵优秀传统家风家教文化的宣传，可以在城镇进行横幅宣传，开展弘扬燕赵优秀传统家风家教文化的休闲活动，请老红军或者其子孙

讲述红色故事，组织观看红色电影，通过电视网络开设讲述燕赵优秀传统家风家教的节目等，让大家在日常的休闲娱乐中感悟燕赵优秀传统家风家教文化，对燕赵优秀传统家风家教文化的核心要素进行了解，潜移默化地形成优秀品质。

其次，燕赵优秀传统家风家教文化进校园，在小学可以通过讲述老一辈革命家和红军长征的故事，以生动鲜活的方式弘扬红色精神，从小培养孩子对红色家风、红色精神的认识；在中学则可以带领学生关注社会时事，了解这个社会并对各事件进行感悟，进一步塑造正确的人生观、价值观，形成社会认同感、家国认同感；在各高校中则可以让燕赵优秀传统家风家教文化进入思政课堂，学校可以举办相关的讲座以及其他各种相关的活动。红色家风进校园这一措施已经在小部分校园得到实施，但要做到普及、从基础教育抓起。

再次，国家层面有优秀传统家风家教文化的相关政策，那么河北省应该将这项政策进行细节化，根据自身情况进一步普及燕赵优秀传统家风家教文化，可以在新闻中普及，同时应该亲民化，明确政策，加大惠民措施，引导大家回馈社会。政策尤其要约束党员干部的行为，规范党员行为，形成清廉的政风，引导党员干部廉洁、勤俭节约、注重家庭，不管是亲情还是友情都不可影响政府的廉洁，要将相关的政策具体地落实、奖罚分明。

最后，已有的传统家风研究对站在历史的角度来深入系统地研究两者结合机制、关系的还比较少见，可以在这一方面进一步进行研究，也可以形成燕赵优秀传统家风家教文化系统的理论体系等。让燕赵优秀传统家风家教文化助力河北基层治理就要让燕赵优秀传统家风家教文化扎根基层，存在于人们生活的各方面，在工作、学习中也要让燕赵优秀传统家风家教文化渗透，进而形成良好的社会风气，形成良性循环。社会上的优秀家风影响身边的人，而每个人的行为组合在一起就是良好的社会风气，有利于推动社会的基层治理。

参 考 文 献

[1] 张旭刚 . 涵育大学生社会主义核心价值观的实践机制：基于优良家风家教的文化视域 [J]. 长春大学学报 , 2017, 27(3): 78-83.

[2] 马小娟 . 践行社会主义核心价值观要培树良好家风 [J]. 学习月刊 , 2014(10): 12-13.

[3] 秦勃 . 习近平人民群众观论析 [J]. 理论界 , 2017 (8): 1-10.

[4] 康来云 , 谭婳 . 实现家风家教与社会主义核心价值观的无缝对接 [J]. 学习论坛 , 2017, 33(8): 62-65.

[5] Guo Nan. 乡村振兴视阈下家风、村风、乡风重塑价值与路径研究 [J]. Science Literature Periodical Press, 2024, 1(7):51-53.

[6] 张静 . 论家风家教与青少年价值观的培养 [J]. 渭南师范学院学报 , 2015, 30(4): 85-89.

[7] 龚凌燕 . 构建与时代发展相适应的家风家教体系 [J]. 人民论坛 , 2019 (7): 134-135.

[8] 赵越 . 将中华优秀传统文化融入青年思政教育 [J]. 人民论坛 , 2019 (24): 190-191.

[9] 柒炜媚 . 运用中国古代家训加强领导干部家风建设研究 [D]. 桂林：广西师范大学 , 2017.

[10] 赵丹峰 . 习近平家庭家教家风思想研究 [D]. 昆明：云南大学 , 2018.

[11] 李泽昊 . 新时代弘扬优秀传统家训文化的三重维度 [J]. 常州大学学报 (社会科学版), 2024,25(3):23-29.
[12] 刘宇 . 明代家训德育思想的当代价值研究 [D]. 哈尔滨：哈尔滨工程大学 , 2018.
[13] 邹秀春 , 杨良子 . 新时代大学生社会公德状况调查与分析 [J]. 学校党建与思想教育 , 2021 (3): 44-47.
[14] 朱蒙玲 . 好家风在大学生思想政治教育中的应用研究 [J]. 绿色科技 , 2016 (13): 258-260.
[15] 寇荷超 , 许启芳 . 家风家教融入青少年思想政治教育探究 [J]. 西华师范大学学报 (哲学社会科学版), 2017(5): 114-118.
[16] 米佳辉 . 家风与社会主义核心价值观关系研究 [D]. 石家庄：河北师范大学 , 2016.
[17] 任嘉蕊 . 立德树人必须注重家庭、家教、家风建设 [J]. 中国高等教育 , 2021 (Z3): 56-58.
[18] 靳凤林 . 新时代家庭家教家风建设的高质量发展 [J]. 马克思主义研究 , 2022(11): 47-56, 155.
[19] 林伯海 . 传中华家训家教家风 树新时代文明新风 [J]. 红旗文稿 , 2022 (12): 46-48.
[20] 周伟伟 . 优良家风培育研究 [D]. 保定：河北大学 , 2016.
[21] 弓旭静 . 优良家风融入大学生思想政治教育研究 [D]. 长春：东北师范大学 , 2019.
[22] 石桂戎 . 农牧区义务教育阶段学生学习投入调查研究 [D]. 兰州：西北师范大学 , 2021.
[23] 王泽应 . 中华家风的核心是塑造、培育与树立正确的价值观 [J]. 上海师范大学学报 (哲学社会科学版), 2015, 44(4): 5-11.
[24] 张琳 , 陈延斌 . 当前我国家风家教现状的实证调查与思考 [J]. 中州学刊 , 2016 (8): 98-104.
[25] 陈冬仿 . 从汉代农民家风家教探寻培育社会主义核心价值观之源 [J]. 河南大学学报 (社会科学版), 2020, 60(5): 127-133.

[26] 万瑞 . 家风家教的价值面向及其时代转换 [D]. 合肥：安徽大学 , 2015.
[27] 高洁 . 中国优秀传统家风的传承与发展研究 [D]. 成都：西南石油大学 , 2016.
[28] 张斌 , 段周燕 . 家国情怀的当代培育 [J]. 江苏理工学院学报 , 2015, 21(3): 65-68.
[29] 钟水青 . 优良家风融入大学生思想政治教育研究 [D]. 武汉：武汉理工大学 , 2020.
[30] 陈璐 . 红色家风融入高校思想政治教育的研究 [D]. 北京：中国地质大学 , 2021.
[31] 肖德安 . 家庭、家教与家风 [J]. 前进 , 2015(4):55.
[32] 路 · 冯 · 贝塔朗菲 , 王兴成 . 普通系统论的历史和现状 [J]. 国外社会科学 , 1978(2): 69-77.
[33] 伊塔马 · 埃文 - 佐哈尔 , 张南峰 . 多元系统论 [J]. 中国翻译 , 2002(4):21-27.
[34] 周鸿 . 布迪厄的阶层场域论与阶层的形成 [J]. 学术论坛 , 2005 (1): 151-154.
[35] 李忠华 . 传统礼仪文化的当代价值及其转化 [J]. 智库时代，2019 (9): 281，283.
[36] 张国举 . 创新场域论 [D]. 北京：中共中央党校 , 2007.
[37] 旦知草 . 浅谈家庭家教家风建设的重要性 [J]. 现代交际 , 2017 (14): 58.
[38] 吴光 . 儒学与中华家文化：以王阳明的家教思想为中心 [J]. 贵阳学院学报 (社会科学版), 2018, 13(5): 17-20, 31.
[39] 崔伟 . 发挥裴氏家风家训文化的当代教育价值 [J]. 思想政治工作研究 , 2017 (9): 60, 63.
[40] 王兵 . 董必武家书中的家教与家风 [J]. 前线 , 2016 (12): 119.
[41] 宫昊 .“家我”造就“佳我”[C]// 大学素质教育 (2020 下半年合集), 2020.
[42] 王琳 . 思想政治教育视域下的家风建设研究 [D]. 广州：华南理工大学 , 2019.
[43] 王金燕 , 马江妮 . 家教、家风、家训、家规对农村学生身心健康发展影响

初探 [C]//2019 教育信息化与教育技术创新学术研讨会（成都会场）论文集 , 2019.
[44] 郭静涵 . 共建共治共享格局下家事纠纷化解机制构建：基于新时代“枫桥经验”的地方实践 [C]// 第十四届中部崛起法治论坛论文集（上）, 2021.
[45] 陈豆豆 . 优良家教家风融入大学生思想政治教育路径研究 [D]. 郑州：河南农业大学 , 2023.
[46] 于佳星 . 习近平家庭家教家风建设重要论述研究 [D]. 哈尔滨：黑龙江省社会科学院 , 2023.
[47] 乔芳 . 新时代家风建设在乡村治理中的作用研究 [D]. 太原：山西大学 , 2023.
[48] 郭玉琮 , 王方根 . 社会主义核心价值观引领下的家风建设 [J]. 梧州学院学报 , 2015, 25(2): 66-69.
[49] 孙立刚 . 优良家风建设的当代价值及其路径 [D]. 大连：辽宁师范大学 , 2019.
[50] 唐述壮 , 骆珊珊 . 中华传统优秀家教家风融入大学生思想政治教育的意义及路径探析 [J]. 西南林业大学学报 (社会科学), 2020, 4(1): 54-57.
[51] 李文珂 . 新时代我国家风建设存在的问题及对策 [D]. 沈阳：沈阳师范大学 , 2019.
[52] 陈延斌 , 田旭明 . 新时代加强家庭建设的几个方面 [J]. 求是 , 2015 (21): 63-64.
[53]王杰 . 重视家风家教是中华民族的优良传统 [J]. 党建 , 2019 (8): 14-15.
[54] 王宇翔 .《了凡四训》家教家风思想的当代价值 [D]. 济南：山东大学 , 2018.
[55] 李淑敏 . 中华优秀传统家训文化传承发展研究 [D]. 吉林：吉林大学 , 2020.
[56] 郑运佳 . 传统家风的内涵与现代意义 [J]. 山东农业工程学院学报 , 2014, 31(5): 107-108.
[57] 李佳娟 . 新时代家风构建研究 [D]. 苏州：苏州大学 , 2020.

[58] 朱静 . 中华文化海外传承消融和断裂问题的探讨 [J]. 文化创新比较研究 , 2023, 7(23): 153-158.

[59] 陈文 . 青少年对传统文化的认知弱化浅析 [J]. 江西青年职业学院学报 , 2014, 24(6): 24-27.

[60] 王润平 . 当代中国家庭变迁中的文化传承问题 [D]. 长春：吉林大学 , 2004.

[61] 王威峰 . 思想政治教育质量论 [D]. 武汉：华中师范大学 , 2019.

[62] 李慧芳 .“泛偶像化”现象的反思 [J]. 人民论坛 , 2018 (14): 112-113.

[63] 何小忠 . 青少年偶像崇拜与教育 [D]. 苏州：苏州大学 , 2005.

[64] 王晶梅 . 家教家风建设在基层社会治理中的重要作用 [J]. 中共合肥市委党校学报 , 2021, 20(2): 47-51, 57.

[65] 李忠华，齐宁阳 . 中兴明君刘秀的容错之道管窥 [J]. 领导科学，2018 (9): 54-56.

[66] 张硕秋 . 大众化高等教育环境下育人职能分担的探索与思考 [J]. 济南大学学报 (社会科学版), 2014, 24(1): 18-22, 91-92.

[67] 王一华 , 姜丽清 . 教育体制改革下高校教务管理模式探析 [J]. 当代教育科学 , 2012(21): 36-37.

[68] 劳凯声 . 重构公共教育体制 : 别国的经验和我国的实践 [J]. 北京师范大学学报 (社会科学版), 2003 (4): 75-86.

[69] 郑晓云 . 论全球化与民族文化 [J]. 民族研究 , 2001 (1): 9-17, 106.

[70] 王铭铭 . 文化变迁与现代性的思考 [J]. 民俗研究 , 1998 (1): 1-14.

[71] 杨源 . 家风家教与社会主义核心价值观构建 [J]. 理论与当代 , 2015 (5): 24-25.

[72] 郭浩然 . 家风的本质及培育路径探究 [J]. 文化创新比较研究 , 2022, 6(10): 149-153.

[73] 白文举 . 中华优秀传统文化涵养国民文化自信研究 [D]. 天津：天津工业大学 , 2022.

[74] 潘阳红 . 新时代家庭文化建设的创新研究 [J]. 知与行 , 2019 (5): 119-125.

[75] 刘娟娟 . 当代大学生文化自觉培育研究 [D]. 济南：山东大学 , 2019.

[76] 张一澍 , 黄振华 , 王永明 , 等 . 传统孝文化在高校德育中的传承与创新 [J]. 理论观察 , 2018 (3): 131-133.
[77] 闫鹏 . 大学生文化自信的现状分析及培育路径研究 [D]. 太原：山西师范大学 , 2019.
[78] 沈壮海 . 爱国、敬业、诚信、友善 : 公民的价值准则 [J]. 湖北社会科学 , 2014 (10): 177-180.
[79] 谷建国 , 张春和 . 论社会主义核心价值观与中国梦的内在联系 [J]. 贵州社会科学 , 2014 (5): 27-31.
[80] 朱颖原 . 社会主义核心价值观研究 [D]. 太原：山西大学 , 2013.
[81] 唐建兵 . 中华优秀传统家风文化创造性转化和创新性发展的路径探析 [J]. 江淮论坛 , 2023 (3): 124-129.
[82] 李晓青 . 以五大发展理念引领新时代优良家风构建研究 [D]. 石家庄：河北科技大学 , 2019.
[83] 曾建平 , 罗红平 . 论新时代加强家庭家教家风建设 [J]. 云梦学刊 , 2023, 44(2): 1-9.
[84] 韩琪 . 家庭家教家风建设的马克思主义理论渊源 [J]. 山东女子学院学报 , 2021 (4): 78-84.
[85] 郭丽 . 新媒体环境下高校开展家风教育的思考 [J]. 南昌教育学院学报 , 2017, 32(3): 54-56.
[86] 陈远飞 . 家风建设与社会主义核心价值观的契合性研究 [J]. 南方论刊 , 2019 (11): 39-40, 43.
[87] 陈永胜 . 当前家风家教培育的新挑战及其应对 [J]. 南阳理工学院学报 , 2019, 11(1): 45-48.
[88] 李忠华 . 文化资本视阈下的京津冀教育资源协同发展 [J]. 中国集体经济, 2016(30): 6-7.
[89] 陈燕红 . 优良家风涵养社会主义核心价值观的路径探析 [J]. 泉州师范学院学报 , 2018, 36(4): 99-103.
[90] 邢羽佳 . “家庭、家教和家风” 思想对学校教育培养中职生核心素养的影响 [J]. 科教文汇 (中旬刊), 2021 (2): 152-153.

[91] 喻国明 . 解读新媒体的几个关键词 [J]. 广告大观 (媒介版), 2006 (5): 12-15.

[92] 匡文波 ."新媒体" 概念辨析 [J]. 国际新闻界 , 2008 (6): 66-69.

[93] 海梅 . 地域文化传承与家风建设的创新性融合 [J]. 中学地理教学参考 , 2023 (6): 89.

[94] 吴帆 . 家教家风与基层社会治理现代化 [J]. 妇女研究论丛 , 2019 (6): 15-17.

[95] 余科豪 . 家齐而后国治：领导干部家风建设的基本路径 [J]. 中国领导科学 , 2020 (2): 59-63.